城市“清道夫”

——道路绿带植物景观的滞尘功能

张灵艺　董莉莉　著

中国建筑工业出版社

图书在版编目（CIP）数据

城市“清道夫”：道路绿带植物景观的滞尘功能 / 张灵艺，董莉莉著．—北京：中国建筑工业出版社，2023.7
ISBN 978-7-112-28905-9

Ⅰ.①城…　Ⅱ.①张… ②董…　Ⅲ.①城市道路—绿化种植—抗污染树种　Ⅳ.① S79

中国国家版本馆 CIP 数据核字（2023）第 126104 号

数字资源阅读方法

本书提供全书图片的电子版（部分图片为彩色），读者可使用手机 / 平板电脑扫描右侧二维码后免费阅读。

操作说明：

扫描右侧二维码→关注“建筑出版”公众号→点击自动回复链接→注册用户并登录→免费阅读数字资源。

注：数字资源从本书发行之日起开始提供，提供形式为在线阅读、观看。如果扫码后遇到问题无法阅读，请及时与我社联系。客服电话：4008-188-688（周一至周五 9：00—17：00）Email：jzs@cabp.com.cn

责任编辑：李成成
责任校对：王　烨

城市“清道夫”
—— 道路绿带植物景观的滞尘功能
张灵艺　董莉莉　著
*
中国建筑工业出版社出版、发行（北京海淀三里河路 9 号）
各地新华书店、建筑书店经销
北京雅盈中佳图文设计公司制版
北京中科印刷有限公司印刷
*
开本：787 毫米 × 1092 毫米　1/16　印张：$7^3/_4$　字数：148 千字
2023 年 8 月第一版　2023 年 8 月第一次印刷
定价：42.00 元（赠数字资源）
ISBN 978-7-112-28905-9
（41611）

目　录

CITY SCAVENGER

第一章

绪论

第一节　城市道路粉尘污染现状

一、城市道路粉尘污染的来源

城市的扩张使交通车辆排放物污染加重，交通废气是城市地区最主要的大气污染来源[1]，如加利福尼亚和西班牙东部城区[2]、英国伯克郡[3]、德国威斯特伐利亚鲁尔地区[4]等大多数城市中的空气颗粒物来源于当地的交通排放物。根据我国生态环境部发布的《中国移动源环境管理年报（2021）》显示：2020 年，全国机动车排放颗粒物（PM）6.8 万吨。我国部分城市空气呈现出煤烟和机动车尾气复合污染的特点，直接影响着群众的健康，汽车尾气排放使道路成为粉尘污染受灾最为严重的区域。

能在空气中悬浮一定时间的固体颗粒物统称为粉尘。粉尘是污染环境、影响健康的主要因素之一，根据大气中粉尘微粒的大小特征进行分类，本书论述所涉及的细颗粒物为 PM_{10} 和 $PM_{2.5}$。

（一）PM_{10}

PM_{10} 为飘尘，亦被称为可吸入颗粒物，系指大气中粒径小于 10 μm 的固体微粒，它能较长期地在大气中飘浮，有时也称为浮游粉尘。

（二）$PM_{2.5}$

$PM_{2.5}$ 为可入肺颗粒物，指大气中直径小于或等于 2.5 μm 的颗粒物。它是危害空气质量和能见度的最大因素。通常，此类粉尘 90% 以上来源于电厂、工厂、汽车排放的废气，含汞、镉、铅等重金属。与此同时，根据医学发现，人体最小的细胞——血小板的直径约为 2.5 μm，而这类粉尘则可以穿过肺部气血屏障，直接进入血液，对人体健康造成严重危害。由于其自身的物理特征，易飘散至 300km 外的范围，且在大气中的停留时间长、输送距离远，从而会造成更严重的大气环境污染。

二、城市道路粉尘污染的危害

近年来，大范围的雾霾天气已经成为我国主要的气象灾害和极端天气气候事件之一，大气粉尘污染则是形成雾霾天气的主要原因。粉尘污染会对人体产生严重的健康危害，对环境景观和交通运输产生较大影响，造成巨大的经济损失。有学者评估上海市空气颗粒物对人体健康的危害所造成的经济损失大约相当于上海市总产值的 1.03%；

北京仅由于粉尘污染每年就会损失 3000 万 ~ 4600 万个工作日[5]。城市空气中的总悬浮颗粒物（Total Suspended Particulate，TSP）是粉尘污染的首要污染物，在各种粉尘颗粒物中，PM_{10} 已被证实是危害人类健康的最主要的物质，$PM_{2.5}$ 因能够进入人体肺部导致肺泡发炎而被认为具有更大的危害性[6]。长期暴露在空气颗粒物污染中会引发各种疾病：使肺功能衰退，引发咳嗽、哮喘、上呼吸道感染、呼吸困难、支气管炎、肺炎、肺气肿等各种呼吸道疾病；使心率和心跳发生不规则变化，引发冠状动脉疾病、心肌梗塞、心脏病等心血管疾病；改变免疫结构，提高重病及慢性病患者的死亡率，使患癌率提高[7]。鉴于粉尘极大的危害性，如何有效控制粉尘污染已成为改善城市空气质量急需解决的一个重大问题。

第二节 城市“清道夫”

城市园林绿地对烟尘和粉尘有明显的阻挡、过滤和吸附作用，集景观美化和生态多功能于一体，具有成本低、持久性强的特点，所以园林植物在滞尘方面的能力起着至关重要的作用。国外的研究成果显示，公园能过滤掉大气中 80% 的污染物，林荫道的树木能过滤掉 70% 的污染物，树木的叶片、枝干能拦截空气中的微粒，即使在冬天落叶树仍然保持 60% 的过滤效果[8]。植物滞尘，也就是植物利用其自身的生理特性对大气中的颗粒物有一定的吸附、滞留的作用，当含有粉尘的气流经过树冠时，一部分颗粒较大的粉尘被树叶阻挡而降落，另一部分滞留在枝叶表面，这是由于其叶面特性以及枝叶的空间结构共同决定的[9-10]。植物的滞尘过程较为复杂，影响因素包括叶表面形态、植株的叶面积总量、树木空间结构等树种本身的因素以及太阳辐射、降雨、大风等环境气象因素。植物光合作用最大化且吸收 CO_2 进行生物进化的树木冠层[11]，不仅具有比树木本身所占面积大 2 ~ 10 倍的叶面积，而且由于植物叶表特征，存在较大量的粗糙表面[12]，为大气中颗粒物的沉降和碰撞提供了更多的机会，这是植物能更有效地“捕获”粉尘的重要原因。因此，城市道路绿带由于其滞尘功能而被称作城市道路的“清道夫”。

道路绿带作为城市绿化的重要组成部分，在改善道路环境质量方面成效显著。通过在有限的空间和土地上提高道路绿带的绿化质量，利用道路绿带的滞尘功能减少粉尘污染，净化城市道路，使其成为城市“清道夫”。本书将定量测定与定性分析相结合进行论述，从植物个体、群落滞尘指标的微观测定层面，到道路绿带整体的宏观评价层面，探寻更加科学、全面的植物滞尘研究体系，对基于滞尘作用的园林绿地研究以及道路绿带设计与建设具有重要的理论和实践参考意义。

CITY SCAVENGER

第 二 章

城市道路绿带植物滞尘功能概述

第一节　城市道路绿带

“道路绿带”在《城市道路绿化规划与设计规范》（CJJ 75–97）中的释义为：道路红线范围内的带状绿地。道路绿带分为分车绿带、行道树绿带和路侧绿带。

一、分车绿带

分车绿带是车行道之间可以绿化的分隔带。位于上下行机动车道之间的称为中间分车绿带；位于机动车道与非机动车道之间或同方向机动车道之间的称为两侧分车绿带。

二、行道树绿带

行道树绿带是布设在人行道与车行道之间，以种植行道树为主的绿带。

三、路侧绿带

路侧绿带是在道路侧方，布设在人行道边缘至道路红线之间的绿带。

道路绿带隶属于道路绿地，是道路绿化的主要部分[13–15]。根据重庆市主城区的道路及绿带的实际情况，本书中所涉及的14条道路样地均为车流量约40 ~ 75辆 / 分钟的沥青混凝土路面，且道路样地的污染程度相当，均较严重，但道路功能完善，是植被种类丰富、生长状况良好的典型城市交通主干道。行道树绿带宽约3m，路侧绿带宽约3 ~ 5m，而分车绿带仅涉及中间分车绿带，宽约2 ~ 5m。

本书论述的绿带模式为行道树绿带、路侧绿带、中间分车绿带3种道路绿带的7种不同组合模式，分别为：只有路侧绿带；只有中间分车绿带；只有行道树绿带；含有路侧绿带和中间分车绿带；含有行道树绿带和路侧绿带；含有行道树绿带和中间分车绿带；含有行道树绿带、路侧绿带以及中间分车绿带。

第二节　植物滞尘功能

一、植物滞尘功能的含义

《新词语大词典》对“滞尘”的解释为：使尘土停下来，不飞扬。《汉语同韵大词典》对“滞尘”的解释为：使灰尘停留下来。本书界定的“滞尘”与植物相关，即植物通过叶片、枝条的阻滞使粉尘滞留下来，起到滞尘的作用，包括植物对粉尘的过滤、拦截和吸收等。

（一）植物个体滞尘能力

不同植物对粉尘的阻滞和吸附使其具有不同的滞尘能力。当粉尘接触到植物时，其中一部分会被枝叶阻挡而降落，另一部分则会被滞留在叶片表面。降落的粉尘继续飘浮，接触到更低矮的植物时，又有一部分被阻挡、降落，另一部分会被滞留在叶表，这样，一直到粉尘落到地面，归入土壤，被滞留在叶表的粉尘可能由于降雨或风吹等气候因素的影响，被冲刷掉或是吹落，于是，植物又重新开始滞尘，这即为植物叶片的滞尘能力。植物叶片滞尘能力一般用单位叶面积在单位时间内滞留的粉尘量即单位叶面积滞尘量来衡量。

植物个体的滞尘能力用平均单位叶面积滞尘量来衡量；植物单株滞尘能力用整株植物叶片滞尘总量来衡量。

（二）植物群落滞尘效益

宋永昌[16]指出植物群落是某一地段上全部植物的综合，具有一定的种类组成、种间的数量比例、结构、外貌和生境条件并且执行着一定的功能，其中植物之间、植物与环境之间都存在着一定的相互关系，群落是环境选择的结果，他们在空间上占有一定的分布区域，在时间上是整个植被发育过程中的某一阶段。植物群落按其形成可以分为自然群落和栽培群落。自然群落是经过长时间的发展，在不同的气候条件及生境条件下自然形成的群落，并且每个自然群落都有其独特的种类、外貌、层次和结构。栽培群落，顾名思义，是根据人类的需要，把不同或同种的植物模拟自然发展组合而成的，并且需要一定的水、温度、土壤等生存条件的植物组成形式。

道路植物群落作为典型的人工栽培群落，可以按照人们的意愿，在道路上进行绿化植物的种类选择、配置、营造和养护管理。这种人为的干预和干扰，就决定了道路绿带植物群落结构的可控制性。道路植物群落作为构成城市绿地系统的基本单元，通过不同种类组成及其群落空间结构等的综合作用，阻滞空气中的粉尘，从而使道路环境中的粉尘浓度降低，达到减尘的效果，改善空气质量的效益称为滞尘效益。

植物群落的滞尘效益通过测定植物群落样方对空气中的 PM_{10} 和 $PM_{2.5}$ 的减少比例来衡量，即减尘率。

二、植物滞尘功能的原理

植物具有净化空气中粉尘污染的能力 [17]，植物滞尘的机理是研究的基础，总体上，植物通常以停着、附着和黏附 3 种方式同时进行滞尘，其作用机理并不相同 [18-20]。

（一）停着

园林植物覆盖地表，可减少空气中粉尘的出现和移动，特别是一些结构复杂的植物群落通过对空气中粉尘污染物的阻挡，使污染物难以大面积向外扩散传播，能有效地杜绝二次扬尘 [21-22]。Souch 等 [23] 研究认为，植物的树冠对气流进行阻挡，使风速降低，当含有粉尘的气流经过植物体时，一部分大粒径颗粒物失去动力而降落到地面或被截留而停滞在叶片表面，而另一部分粒径较小的颗粒物则被阻滞悬浮于植物群落空间中 [24]。

（二）附着

Latha 等 [25] 和 Lohr 等 [26] 的研究都表明，植物叶表面粗糙度等结构的变化会影响粉尘颗粒物的沉降模式，叶片由于特殊的表面结构和润湿性可以截取和固定大气颗粒物而被认为是减少城市大气环境污染的重要过滤体 [27-28]。植物进行蒸腾作用使一定范围内保持着较大的湿度，粉尘吸湿后重量增加，更易发生沉降，同时，叶片湿度越大，吸附灰尘的能力就越强 [29]。

（三）黏附

自然界中一部分枝、叶、花、果等着生有绒毛或分泌黏性油脂和汁液的植物能吸附大量的降尘和飘尘。此外，柴一新等 [30] 对哈尔滨市的 28 个树种进行叶表电镜扫描观察发现，叶表皮具沟状组织、密集纤毛的树种滞尘能力强，叶表皮具瘤状或疣状凸起的树种滞尘能力差。普遍认为，通过植物表面分泌物黏附粉尘的效果最稳定，而沾满灰尘的叶片经过雨水冲刷，又可恢复滞尘的能力 [31-33]。

三、植物滞尘功能的特征

（一）园林绿地滞尘功能的差异性

无论是乔木、灌木或草本等植物个体，还是不同的植物群落，其滞尘功能均存在较大差异，不同植物滞尘能力的差异性是目前国内外关于植物滞尘研究的重点，其中关于植物个体滞尘能力的研究相对较丰富。

1. 植物个体滞尘能力的差异性

Schabel[34] 和周晓炜等 [35] 的研究显示，乔木、灌木等不同植物类型以及不同种类植物之间的滞尘能力均存在较大差异。吴中能等 [36] 和姜卫红 [37] 的研究结果表明，不同类型的园林植物的滞尘能力大小顺序为乔木 > 灌木 > 草本，韩敬等 [38] 也得出了相同的结论；但苏俊霞等 [39] 的研究结果却完全与之相反，认为草本 > 灌木 > 乔木；而江胜利等 [40] 的研究结果则认为，不同类型的绿化植物滞尘能力的顺序为灌木 > 草本 > 乔木，吴云霄 [41] 和杨瑞卿等 [42] 的研究结果也认为灌木的滞尘能力大于乔木。王蓉丽等 [43] 应用综合指数法对金华市常见园林植物的综合滞尘能力进行分析后得出结论：常绿乔木 > 常绿灌木 > 落叶灌木 > 落叶乔木 > 草本植物。同样还有大量研究表明，同一生活型不同种类植物之间的滞尘能力也存在较大差异，但不同研究者的结论并不完全相同，有些甚至差异很大 [44–48]。例如李海梅等 [49]、王月菡 [50]、张家洋等 [51] 和俞学如 [52] 均研究了大叶黄杨（*Buxus megistophyll* Lévl.）、女贞（*Ligustrum lucidum* Ait.）、悬铃木（*Platanus orientalis* Linn.）三种植物的滞尘能力，其中只有李海梅和张家洋的结果一致，为：大叶黄杨 > 女贞 > 悬铃木，而王月菡和俞学如的结论分别为：悬铃木 > 大叶黄杨 > 女贞，大叶黄杨 > 悬铃木 > 女贞。造成研究结果差异的主要原因可能与不同研究者选择的衡量指标参数、实验环境、测定技术方法等因素有关。

2. 植物群落滞尘效益的差异性

尽管对植物群落滞尘效益的研究相对个体研究较为薄弱，但不少研究都充分表明，不同植物群落结构间滞尘效益差异还是十分明显的。Baker[53] 对园林绿地群落结构模式进行研究后认为，乔灌草型的绿地滞尘效益相对较好，是比较理想的滞尘绿地类型。刘学全等 [54] 在对宜昌市城区不同绿地类型的滞尘研究中也得出了相同的结论。郑少文等 [55] 对山西农业大学校园内不同绿地类型的滞尘效益进行了研究，其减尘率大小顺序为乔灌草型 > 灌草型 > 草坪，这与张新献等 [56] 对北京城市居住区绿地的滞尘效益研究所得出的结论相一致。江胜利 [57] 的研究结果表明，乔草型群落结构的减尘率低于乔灌草型，但是高于灌草型和草坪。从目前的研究成果来看，普遍认为复层结构的乔灌草型群落模式的滞尘效益最强，应是城市滞尘绿地的首选植物群落配置模式。

（二）园林绿地滞尘功能的影响因素

园林绿地滞尘功能存在差异的根本原因在于植物自身、时间、空间部位以及环境气象等众多因素的影响。

1. 植物内在因素

园林绿地滞尘的本质源于植物个体的滞尘功能。Litter[58]、Wedding[59] 和 Lovett[60] 等的研究表明，造成各种植物个体之间滞尘能力差异的原因主要是植物叶表面特性、叶面倾角、树冠结构和枝叶密度不同，使不同植物对大气颗粒物的滞留能力也不相同，其中叶片构造对捕捉颗粒物的效率起到关键作用，叶片与粉尘接触角越大，则滞尘量相对越小。

然而，影响植物群落滞尘的内在因素主要是植物组成种类、群落结构模式以及绿量等群落生态学指标 [61]。刘坚 [62] 通过研究扬州古运河风光带植物群落的滞尘效益发现，同为乔灌型群落结构的国槐（*Sophora japonica* Linn.）、海桐 [*Pittosporum tobira*（Thunb.）Ait.] 和瓜子黄杨 [*Buxus sinica*（Rehd. et Wils.）M. Cheng] 群落模式的滞尘效益要高于香橼（*Citrus medica* Linn.）、夹竹桃（*Nerium oleander* Linn.）和云南黄素馨（*Jasminum mesnyi Hance*）群落模式。一般认为，组成群落的植物种类的滞尘能力与群落的滞尘效益呈正相关；同时，群落的绿量越大，群落的滞尘效益越强，从而说明复层结构的群落模式滞尘效益更强。

2. 时间季节因素

植物滞尘是一个复杂的动态过程，Nowak[63]、Woodruff[64] 和 Pope[65] 等国外学者的研究表明，绿地植被枝叶对粉尘的滞留受到时间季节的影响。高金晖等 [66] 研究植物叶片滞尘规律后认为，夏季各种植物均处于旺盛的生长阶段，几乎所有的城市绿地植物都是在这个时期的滞尘能力最强。但在江胜利 [57] 对杭州地区的黄山栾树（*Koelreuteria bipinnata*“Integrifoliola”）、银杏（*Ginkgo biloba* Linn.）、杜英（*Elaeocarpus decipiens* Hemsl.）、枫香（*Liquidambar formosana* Hance）、无患子（*Sapindus saponaria* L.）、香樟 [*Cinnamomum camphora*（L.）J. Presl]、鹅掌楸 [*Liriodendron chinense*（Hemsl.）Sargent.]、悬铃木（*Platanus orientalis* Linn.）、乌桕 [*Triadica sebifera*（L.）Small] 这 9 种行道树的四季滞尘能力的研究中发现，除香樟外，其他各种行道树在夏季的滞尘量基本在四个季节中趋于最弱。这与王月菡 [50] 对南京市常见绿化树种四季滞尘能力的分析结果相似。Prajapati 等 [67] 的研究则表明冬季植物叶面的滞尘量最高。

江胜利 [57] 和李龙凤 [68] 等分别对杭州市常见园林绿化植物群落和广州市街道环境的 PM_{10} 浓度的日变化和季节变化进行了测定。在日平均变化中，江胜利的研究显示：四种群落结构基本呈现出相同的变化趋势，从 9 时到 17 时，PM_{10} 浓度变化为单峰单谷型，10:00—11:00 达到一天中的最大值，然后呈现出下降趋势，14:00—15:00 达到一天中最低值，15:00 之后呈现出缓慢的上升趋势；而李龙凤的研究认为，PM_{10} 的质量浓度在上午（8:00—12:00）相对较低，下午质量浓度渐高，夜间 21:00 左右，其浓度达到最大值，此后浓度又开始下降，到次日 6:00 左右下降到较低值，呈现出较明显的单峰变化趋势。在季节变化中，研究结果都显示夏季 PM_{10} 浓度最低，但是江胜利的研究显示群落中 PM_{10} 浓度在春季最高，而李龙凤研究结果表示街道环境的 PM_{10} 浓度在冬季最高。

3. 空间部位因素

环境中的粉尘污染程度、尘源距离对植物的滞尘能力影响很大。研究显示，同种植物在重度污染区的滞尘量往往大于轻度污染区的滞尘量 [69-71]，说明同种类植物叶片的滞尘量随环境中粉尘颗粒物的增多而增大，Sternberg 等 [72] 也得到了相同的结论。俞学如 [52] 通过对南京市道路绿化植物距尘源不同距离的滞尘量的研究指出，叶片单位面积滞尘量随尘源距离的增大而减少，这与陈玮等 [73] 的结论相似。苟亚清等 [74] 的研究证实，行道树正对车道方向叶片的滞尘量明显高于背对车道方向的叶片。同时，高金晖 [75] 和江胜利 [57] 的研究均证明，同植株叶片在不同高度的滞尘能力表现为低部 > 中部 > 高部，主要原因是植物叶片的滞尘与粉尘脱落同时存在，高部的粉尘容易脱落至低部的植物叶片上，并且地面的二次扬尘容易对植株的低矮部位造成污染。

4. 环境气象因素

Tomasevic[76] 和 Kretinin[77] 等研究认为，植物生长在自然环境中，温度、湿度、风速、降水量和雾气情况等气象因子对园林绿地植物个体和群落的滞尘功能都会产生较大影响。吴志萍 [78] 对城市不同类型绿地空气颗粒物浓度的变化规律的研究认为，TSP、PM_{10}、$PM_{2.5}$ 以及 PM_1 的浓度与湿度有正相关关系，与温度和风速呈负相关关系，即湿度越高，越有利于颗粒物的积聚，使其浓度越高，在一定范围内，温度、风速越大，颗粒物浓度越低，适当的风速有利于颗粒物的扩散。

第三节　城市道路绿带植物滞尘功能的发展

一、道路绿带滞尘功能的研究进展

目前大多数城市结构以人类行为及经济要素为中心进行构建，道路绿带建设未曾重视景观的自然生态过程与景观格局的联系，导致形成了破碎的道路绿地系统，生态结构简单，抗干扰能力低，道路绿地的滞尘效益未能有效发挥 [79]。城市道路是城市中粉尘污染最常见、最严重且对人类的日常生活及环境影响最大的地方，道路绿化作为消除大气颗粒污染物的重要方法之一正受到越来越广泛的重视。在城市中，尤其是道路这样位于颗粒污染物源周围的区域，应广泛种植生命力旺盛、易于存活且抗污能力强、滞尘效益明显的树种来改善空气质量。

从国内外的研究现状来看，植物滞尘能力是城市道路绿化树种选择的一个极为重要的指标[80]。高金晖等[66]选择北京市不同环境条件下最具代表性的植物种类为研究对象，应用直接采样和统计分析的方法证明：开敞式环境条件下，车辆多，尾气污染严重，路面易发生较大程度的二次扬尘，因此，同株植物叶片不同部位的滞尘效益有差异，离地面越近滞尘量越高。粟志峰等[81]认为道路绿地除有美化、减弱噪声的作用外，还对机动车辆行驶产生的二次扬尘有阻滞作用，并且可减少粉尘对空气质量的影响。稠密的乔木型或乔木加灌木花草型是道路绿地种植的首选[40]，而其中绿篱及地被植物发挥着主要作用[82]。Prusty 等[19]在研究城市道路绿地灌木叶片的滞尘能力时发现，机动车尾气的排放会对枝叶截留空气中的粉尘产生影响，树冠内风速与树种枝繁叶茂的程度呈反比，树冠越繁茂，叶片阻滞的粉尘在枝叶上的滞留也就越稳定，空气中的粉尘含量将会下降。齐飞艳等[83]测定了郑州市道路绿化林带两侧大气颗粒物的浓度，分析了大气颗粒物的分布特征与林带的净化作用。俞莉莉等[84]研究了扬州市城区干道绿化树种滞尘指标及地段、季节等因素对叶面滞尘能力的影响。刘青等[85]通过道路灰尘飘落规律模拟实验和道路实验以及常见绿化树种叶面积测算、室内模拟道路环境对各树种的滞尘能力进行了研究，得出了罗汉松（*Podocarpus macrophyllus* D. Don）滞尘量最大，其次是红翅槭（*Acer lucidum* Metc.）的结论。雷耘等[86]对武汉市中心城区主干道旁不同高度层次的 28 种植物叶片的滞尘能力进行了研究，认为乔木中悬铃木（*Platanus orientalis* Linn.）、梧桐 [*Firmiana simplex*（L.）W. Wight] 的滞尘能力最高，灌木中红花檵木的滞尘能力最高。王赞红等[87]研究了城市街道中常绿灌木植物叶片的滞尘能力及滞留的颗粒物的形态，得出了大叶黄杨叶片可以固定有害颗粒物并使之从大气中清除的结论。史晓丽[88]对北京市的行道树的滞尘效益进行了研究，认为供试植物的滞尘量是随着时间的累积而不断增加的，而且其每一周的滞尘量不是线性增加，而是增幅减小的，当滞尘达到饱和，滞尘量便不再增加或是增加幅度较小，直到下次大雨过后植物叶片重新开始滞尘。张放[89]对长春市街道绿化现有灌木的滞尘能力进行研究，得出的结论为水蜡（*Ligustrum obtusifolium* Sieb. et Zucc.）的滞尘能力最强，小叶丁香（*Syringa pubescens* Turcz.）次之，茶条槭 [*Acer tataricum* subsp.ginnala（Maxim.）Wesmael] 的滞尘能力最弱，且植物的滞尘能力与其滞尘时间呈正相关，植物体内的叶绿素含量与滞尘量存在负相关关系，植物体内的质膜相对透性与滞尘量存在正相关关系，蒙尘会对植物的生理产生胁迫。

二、园林绿地滞尘功能综合评价的研究进展

国内外对于园林植物滞尘应用的指标体系研究较少。国内诸如北京、上海这样的大城市研究了园林植物评价指标体系，但也仅局限于植物的生态功能研究和生态适应性研究[90-91]。根据高速公路绿化特性，袁黎等[92]以生长状况、环保能力、观赏度、存活率、丰富度、生态防护性、稳定度等指标构建评价体系。而绿地率、绿化覆盖率、绿量以及绿视率是针对城市道路绿地规划的整体评价所选定的4个评价指标，经杨英书等[93]的研究，形成了体系，应用于实践。不仅评价指标存在差异，综合评价法的应用及权重的确立都存在着差异性。城市园林植物的功能定量评价着眼于城市的绿地系统规划，以改善空气环境质量，完善植物群落的层次结构。然而，目前由于研究者及研究背景的差异使得评价指标体系存在较大差异，最终造成研究结果应用度较低，缺乏可比性。

赵勇等[94]在郑州园林植物滞尘研究的基础上，利用综合指数法对植物的高度、叶面积指数、单位面积滞尘量、植物生长期和叶面特征等参数进行了定性和定量的评价，为道路绿带植物的滞尘功能提供了理论研究基础。

三、发展趋势

国内外关于植物滞尘方面的研究已经取得了一定的成果，大多围绕植物个体滞尘能力进行研究，针对目前研究发展的情况，将从多方位对植物滞尘功能开展更深入的理论和实践研究。

（一）植物滞尘机理的多学科综合应用

目前普遍认为植物叶片以停着、附着和黏附三种形式起到滞尘的作用[95-96]。McPherson[97]和Freer-Smith[98]等的研究显示，简单清洗叶片并不能去除其滞留的大多数粉尘，即使深度清洗仍会有细小的颗粒物被固定在叶片表皮，这种清洗作用会导致叶片滞留的颗粒物中可溶性成分溶解，对其形态特征影响也很大，因此，仅研究叶片表面特征与滞尘量的关系并不够。大多数粉尘颗粒物被滞留在叶片表面，但颗粒物的粒径大小、分布形式以及植物叶片表皮能否吸收诸类细颗粒物等针对不同园林树种滞尘机理的微观层面有待深入。

目前，对于植物群落滞留大气颗粒物，特别是针对PM_{10}、$PM_{2.5}$等细颗粒物的滞尘机理方面的研究尚显不足，应结合空气动力学、环境生态学等多学科领域，追踪植物滞尘颗粒物的粒径大小及其运动循环轨迹，开展微观的植物滞尘机理的综合研究。

（二）植物滞尘功能测定技术的标准化

目前有关植物滞尘量的研究大都采用差重法，但笔者在查阅文献的过程中发现，由于各研究者采样的地点、时间、部位以及叶片处理等测定技术的不同，导致不同研究者对相同树种滞尘能力的研究结果存在差异。由于各研究者的研究方法的不完全一致性，导致不同类型植物的滞尘能力的研究结果也存在差异。

由此可见，园林植物滞尘能力的研究结论存在巨大差异，需进一步探寻统一且具有可比性的实验技术标准，规范实验方案，制定科学的研究方法。如在野外观测的基础上，结合开展室内人工模拟实验或风洞实验，严格控制污染尘源、温湿度、风速风向等环境条件；科学设定叶片积尘采样时间；精确测算 PM_{10} 或 $PM_{2.5}$ 等细颗粒物的沉积速率和捕获速率等生态功能参数；构建滞尘预测模型等，通过完善实验技术方法来科学、客观地评判植物的滞尘能力。

（三）植物耐尘抗尘能力研究

Farmer[99] 的研究结果认为，植物在吸收大气污染物的同时，自身也在不同程度上受到污染物的影响和损害。业界大多数学者主要关注在滞尘能力方面的研究，而对植物耐尘抗尘能力的研究有所忽略。植物耐尘抗尘是植物滞尘的必要前提，研究植物对不同尘源微粒的耐尘抗尘能力，更有利于滞尘植物的选择与配置应用。

研究植物耐尘抗尘能力应从植物的生长发育、生理活性、植物群落学等指标出发，探寻植物对粉尘污染的耐受能力以及粉尘对个体及群落的长期综合影响。如李媛媛等 [100] 通过模拟自然扬尘，观测植物相对含水量、叶绿素含量、SOD 活性、CAT 活性等生理指标的变化，研究空气中不同尘源微粒对高羊茅（*Festuca elata* Keng ex E. Alexeev）的生理活性的影响。

然而，研究植物耐尘抗尘能力的指标繁杂，各研究之间的可比性不强，缺乏统一标准的研究体系。采用室内外控制对比实验相结合，根据研究的侧重点选取实验指标，建立科学有效的植物耐尘抗尘能力评价指标体系将是今后研究的一大发展趋势。

（四）城市滞尘绿地体系构建

目前关于植物滞尘的研究大多单方面地侧重于植物个体或植物群落，它们虽然是城市园林绿地滞尘的基质，但一个城市总体的滞尘效果显然与该城市的滞尘绿地体系有关。因此，我们必须以植物个体及群落的滞尘研究为依托，针对 $PM_{2.5}$ 和 PM_{10} 等细颗粒物的特性以及城市公园绿地、道路绿地、防护绿地等各类绿地的基本属性，结合城市气象环境要素研判，运用多学科综合研究的方法，从整个城市全局的角度出发，深入研究城市园林绿地的滞尘机理及功能，建立系统的城市园林绿地滞尘能力评价模型，构建城市园林滞尘绿地体系，才能有效发挥园林绿地的滞尘效益，真正改变城市生态环境。

综上所述，城市园林绿地滞尘研究是一个涉及植物学、生态学、环境气象学、空气动力学、园林学等多学科的综合领域，影响因素庞杂，尽管已取得了一些研究成果，但目前国内总体的研究技术手段还是较为原始、落后，评判标准不一，导致研究结果出现很大的差异，甚至会得出相反的结论，如国外有学者在对绿地内 $PM_{2.5}$ 的研究中发现，由于绿地内枝条或个体间的摩擦，反而导致其 $PM_{2.5}$ 浓度增大[101-103]，此结论与普遍认知不同甚至相反，这些研究结论的差异都尚待日后更完善的研究进一步考证，并且对许多机理的探讨也还不够深入，使得园林绿地的滞尘应用受到影响。目前应结合雾霾天气等时下的热点问题，重点针对园林绿地与 $PM_{2.5}$ 的关联性开展研究，将绿地的景观美化与治霾效益相结合，探讨植物造景的新模式，将环保理念融入景观设计，充分发挥城市园林绿地的最大综合效益。

CITY SCAVENGER

第三章

城市道路绿带植物个体滞尘能力

植物个体的滞尘能力是道路绿带发挥滞尘作用的基础，不同生长类型以及不同种类植物的滞尘能力存在较大差异。园林植物个体滞尘能力被定义为单位叶面积在单位时间内滞留的粉尘量，即对一定时间内植物叶片单位面积滞尘量进行测定，根据滞尘量与叶面积之比来确定单位叶面积滞尘量。本章的目的是通过对道路常用绿带植物个体滞尘能力的测定，甄选出滞尘能力强的植物种类，并观测、分析导致植物个体滞尘能力差异的原因以及植物个体滞尘的变化特征，探寻植物个体滞尘机理，以期在道路绿带植物选择和栽种中发挥植物个体的最大滞尘潜能。

第一节　植物个体滞尘能力的内容

道路绿带植物个体滞尘能力的内容包括植物单位叶面积滞尘能力、植物单位叶面积滞尘能力分级评判、植物单位叶面积滞尘能力时空变化、植物单株滞尘能力五个方面。

园林植物个体滞尘能力被定义为单位叶面积在单位时间内滞留的粉尘量，目前最常用的研究方法是单位叶面积测定法，顾名思义，即对一定时间内植物叶片单位面积滞尘量进行测定，大多采用差重法先测出叶片滞尘量，后测定叶面积，根据滞尘量与叶面积之比来确定单位叶面积滞尘量。

叶片滞尘量的测定通常有水洗过滤和干洗擦拭两种方法。刘青[85]和张放[104]等通过水洗过滤差重法对城市道路绿地中的杜英（*Elaeocarpus decipiens* Hemsl.）、茶条槭[*Acer tataricum subsp. ginnala*（Maxim.）Wesmael]等植物进行了叶片滞尘量的测定研究。吴云霄[41]应用医用棉签擦拭叶片表面差重法测定了重庆市主城区的广玉兰（*Magnolia grandiflora* L.）、黄葛树（*Ficus virens* Aiton）等植株的滞尘量。

叶片面积的测定通常有打孔称重法、方格网法[105]、叶面积仪法等，另外还有一些学者尝试了图像处理技术测定法[106]。史燕山等[107]采用画纸称重法、方格板法、叶面积仪法等多种方法测定了柿树（*Diospyros kaki* Thunb.）的单叶面积，建立了柿树单叶面积的回归方程。高祥斌等[108]使用扫描仪采集鹅掌柴[*Schefflera heptaphylla*（Linn.）Frodin]等 6 种植物叶片的图像，利用 Photoshop 软件分析像素得到叶片真实面积，并与叶面积仪测定的结果进行比较，表明叶面积仪能够反映叶片的真实面积。

第二节　植物个体滞尘能力的测定

一、道路样地及材料

本章中所涉及的实验道路样地选择位于重庆市渝北区的新南路、黄山大道、星光大道，这三条道路的植被种类丰富，生长良好，便于集中采样。

选取位于道路样地行道树绿带的25种常见道路绿化植物，如表3-1所示。其中各植物均为城市主干道路绿化配置常用规格，无特大古树或过小幼树。

植物名录表　　表3-1

植物类型	植物中文名称	拉丁学名	科属	生长型
乔木	香樟	*Cinnamomum camphora*（L.）J.Presl	樟科樟属	常绿
	桢楠	*Phoebe zhennan* S. Lee et F. N. Wei	樟科楠属	常绿
	加杨	*Populus × canadensis* Moench	杨柳科杨属	落叶
	桂花	*Osmanthus fragrans* Lour.	木犀科木犀属	常绿
	重阳木（秋枫）	*Bischofia javanica* Bl.	大戟科秋枫属	常绿
	天竺桂	*Cinnamomum japonicum* Sieb.	樟科樟属	常绿
	羊蹄甲	*Bauhinia purpurea* DC. ex Walp.	云实科羊蹄甲属	常绿
	银杏	*Ginkgo biloba* Linn.	银杏科银杏属	落叶
	木芙蓉	*Hibiscus mutabilis* Linn.	锦葵科木槿属	落叶
	黄葛树	*Ficus virens* Aiton	桑科榕属	落叶
	广玉兰	*Magnolia grandiflora* L.	木兰科木兰属	常绿
	小叶榕	*Ficus microcarpa* L.f.	桑科榕属	常绿
灌木	黄花槐（双荚决明）	*Senna bicapsularis*（L.）Roxb.	豆科决明属	半落叶
	细叶十大功劳	*Mahonia fortunei*（Lindl.）Fedde	小檗科十大功劳属	常绿
	毛叶丁香（小蜡）	*Ligustrum sinense* Lour.	木犀科女贞属	落叶
	小叶黄杨	*Buxus sinica* var. parvifolia M. Cheng	黄杨科黄杨属	常绿
	夏鹃（皋月杜鹃）	*Rhododendron indicum*（Linn.）Sweet	杜鹃花科杜鹃属	常绿
	春鹃（锦绣杜鹃）	*Rhododendron × pulchrum* Sweet	杜鹃花科杜鹃属	常绿
	金叶假连翘	*Duranta erecta* ‘Golden Leaves’	马鞭草科假连翘属	常绿
	海桐	*Pittosporum tobira*（Thunb.）Ait.	海桐花科海桐花属	常绿
	红花檵木	*Loropetalum chinense* var. rubrum Yieh	金缕梅科檵木属	常绿
草本	细叶结缕草	*Zoysia pacifica*（Goudswaard）M. Hotta et S. Kuroki	禾本科结缕草属	常绿
	麦冬	*Ophiopogon japonicus*（Linn. f.）Ker-Gawl.	百合科沿阶草属	常绿
	韭莲	*Zephyranthes carinata* Herb.	石蒜科葱莲属	常绿
	葱莲	*Zephyranthes candida*（Lindl.）Herb.	石蒜科葱莲属	常绿

二、测定仪器

测定所用的仪器有二节 3m 伸缩杆高枝剪、普通枝剪、冠层分析仪、激光测距仪、高空作业车、叶面积测量仪、烧杯、培养皿、玻璃砂芯过滤瓶、真空泵、烘箱、体视显微镜、电子天平、皮尺、保鲜袋、滤纸、标签纸、镊子、保鲜膜等。其中，测定所用的 WinScanopy 2005a 型冠层分析仪为加拿大 Regent Instruments 公司的产品，包括 Minolta DiMAGE Xt 数码相机和外接 Nikon FC-E8 鱼眼镜头；高空作业车使用的是重庆市北碚区城市绿化工程处的“五十铃”（ZQZ5065JGK）高空作业车。叶面积测量仪为浙江托普仪器有限公司制造的 YMJ-B 型叶面积测量仪；真空泵使用的是郑州长城科工贸有限公司制造的 SHB-Ⅲ循环水式多用真空泵；烘箱使用的是上海市齐欣科学仪器有限公司制造的 DHG-9240A 电热恒温鼓风干燥箱；Sartorius BSA224S 电子天平是德国赛多利斯集团制造的，感量 0.1mg，Max220g；体视显微镜使用的是日本 OLYMPUS SZ × 12。

三、样品采集

（一）采样时间

一般认为 15mm 雨量就可以冲掉植物叶片上的降尘[109]，然后开始重新滞尘。根据道路样地的实时天气情况，选取一次大雨后为初始时间点（雨量 15mm 以上，雨强达 10mm/h 的降雨）。通过查阅重庆地区近两年气象资料得知，冬季最长无雨期为 11 ~ 14 天，确定采样的间隔天数，即每 3 日进行一次采样，连续 4 次，以此作为研究植物单位叶面积滞尘能力的采样时间进行外业采样，期间并无降雨、大风等异常天气情况出现影响滞尘量的测定。

采样从雨后第一天早上 9 点开始，每间隔 2h 对集中于新南路的 14 种植物进行一次采样，至下午 7 点结束，共 6 个采样时间点，作为研究植物单位叶面积滞尘量日变化的采样时间。

（二）采样部位

植物单位叶面积滞尘量测定的采样部位为树冠中心部位以及四周（去车方向、远车道部位、来车方向、近车道部位）的上、中、下，共 13 个部位，如图 3-1 所示。乔木类上部采样高度定为 5m，中部定为 3.5m，下部为树冠最低处，灌木类不同植物按其整体高度等分上、中、下部位。

应用高空作业车对重阳木、天竺桂、小叶榕、黄葛树、香樟 5 种乔木的高（10m）、中（6m）、低（3m）部位分别采样，如图 3-2 所示，用以研究植物单位叶面积滞尘量的垂直空间变化。

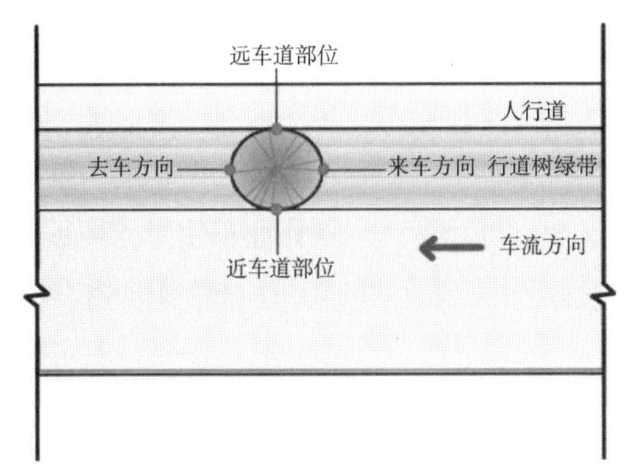

图 3-1　植物叶片采样部位平面图

图 3-2　乔木高部样叶采集

（三）采样方法

乔木类和灌木类每种植物选择道路绿化中常用规格、冠形完整均匀、枝叶茂盛、生长正常的植株各 3 株，于植物各部位随机采集 3 片成熟完整的叶片，分别装袋。草本类每种植物随机选择 3 个样块，每个样块设定为 10cm × 10cm 面积范围，采集样块范围内地上的全部叶片。

为了减小人为操作误差，采样时尽量避免抖动，将叶片小心封存于保鲜袋内以防挤压破坏，做好标记备用，记下植物名称、样叶部位、采集时间以及所采植物的高度、冠幅、冠径、地点等，带回实验室进行室内处理。

四、叶片显微结构观测

采集广玉兰、小叶榕、羊蹄甲、红花檵木、海桐、小叶黄杨、金叶假连翘和细叶十大功劳的成熟叶片，将其制作为 10mm × 10mm 的样本，用体视显微镜观察，总结记录每种植物叶片的显微结构，并应用 Image-Pro Discovery 软件拍摄获取叶片显微结构照片，以分析植物叶面结构特征对滞尘能力的影响。

五、测定指标

（一）单位叶面积滞尘量

将采集的样叶置于烧杯中，加入适量去离子水，使叶片全部浸泡在水中，用保鲜膜密封烧杯口，避免空气中粉尘的进入影响实验结果。叶片浸泡4h后，可使叶片上大部分的粉尘脱落，但还是会有少量粉尘附着在叶片表面，因此用软毛刷轻轻刷掉叶片表面的残余粉尘，同时用去离子水反复冲洗叶片和毛刷，以使粉尘全部溶于浸泡液中。

用已烘干称重（W_1）的滤纸对浸泡液进行抽滤，将过滤后的滤纸分别放入培养皿中封存，放入60℃的烘箱24h后，用电子天平对滤纸进行称重，记录数据W_2。由于采样的植物种类繁多，应将植物对应的烧杯和滤纸进行编号并做好记录，以便后续数据的统计处理。

将浸洗后的叶片用纱布擦干，并用叶面积仪测出采集的每种植物的总叶面积，记录数据S，以备指标计算。

（二）叶面积指数（LAI）

应用冠层分析仪测定各植物的叶面积指数（Leaf Area Index）。为确保数据采集时环境及天气条件稳定，消除太阳直射产生光斑以及风使叶片发生摆动而造成的图片模糊不清的影响，选于2014年1月一个无风的阴天进行拍摄。于植株树冠下方东、南、西、北4个拍摄点进行图像采集，乔木拍摄高度为1.5m，灌木为0.2m。使用Minolta DiMAGE Xt数码相机外接Nikon FC-E8鱼眼镜头，采用2048×1536分辨率，按低压缩比率（1 ：4）的JPEG图像格式保存照片，这种设置不会对后续相关参数的分析产生影响，又不至于使图像文件太大[110]。拍摄时使用支撑杆保持相机水平，镜头朝上，获得圆形或半球形影像文件（Circular or Hemispherical Images）。

（三）冠幅

用皮尺测量乔木树冠垂直投影边缘的东—西、南—北两个方向距离的平均值，每种植物选择三株道路常用规格进行测定，取平均值，记为P。

六、数据处理与指标计算

利用Excel 2007对所有实验数据进行整理，应用WinScanopy林冠影像分析软件（WinScanopy For Hemispherical Image Analysis）对冠层分析仪所获得的影像文件进行分析，获得叶面积指数（LAI），应用SPSS16.0软件（SPSS Inc，Chicago，IL，USA）进行数据分析：单因素显著性分析（One-way Analysis of Variance，ANOVA）；聚类分析（Hierarchical Cluster Analysis）。其中植物在单位时间内单位叶面积滞尘量的计算公式为：

$$G=(W_2-W_1)/(S\cdot T) \qquad (3\text{-}1)$$

式中：G为植物单位时间内单位叶面积滞尘量，$g\cdot m^{-2}\cdot d^{-1}$；$W_2$为过滤烘干后的滤纸重量，g；$W_1$为滤纸净重，g；$S$为采样叶片面积，$m^2$；$T$为滞尘天数，d。

单株植物的全部叶片在单位时间内滞留的粉尘总量计算公式为：

$$A=G \cdot \pi \cdot (P/2)^{2} \cdot \mathrm{LAI} \qquad (3\text{-}2)$$

式中：A 为植物单株叶片在单位时间内的滞尘总量，$g \cdot d^{-1}$；G 为植物叶片单位时间内单位叶面积滞尘量，$g \cdot m^{-2} \cdot d^{-1}$；$P$ 为植物冠幅，m；π 为圆周率，LAI 为植物叶面积指数。

第三节　植物单位叶面积滞尘能力解析

一、乔木类植物单位叶面积滞尘能力

分别对香樟、桢楠、加杨、桂花、重阳木、天竺桂、羊蹄甲、银杏、木芙蓉、黄葛树、广玉兰、小叶榕 12 种乔木各部位进行随机均匀采叶，通过 4 次采样测定，统计数据如表 3–2 所示。

乔木植物单位叶面积滞尘能力　　表3–2

植物名称	滞尘量范围 / $g \cdot m^{-2} \cdot d^{-1}$	平均滞尘量 / $g \cdot m^{-2} \cdot d^{-1}$	标准差	变异系数	变异强度
香樟	0.056 ~ 0.069	0.065	0.006	8.80%	弱
桢楠	0.052 ~ 0.134	0.079	0.038	48.07%	中
加杨	0.016 ~ 0.054	0.031	0.016	52.54%	中
桂花	0.026 ~ 0.066	0.05499	0.019	35.04%	中
重阳木	0.022 ~ 0.042	0.033	0.008	25.57%	中
天竺桂	0.035 ~ 0.059	0.047	0.013	26.66%	中
羊蹄甲	0.005 ~ 0.016	0.012	0.005	38.57%	中
银杏	0.105 ~ 0.177	0.144	0.033	22.65%	中
木芙蓉	0.057 ~ 0.063	0.060	0.003	4.65%	弱
黄葛树	0.031 ~ 0.074	0.05492	0.018	33.56%	中
广玉兰	0.174 ~ 0.481	0.292	0.140	47.89%	中
小叶榕	0.049 ~ 0.071	0.058	0.010	17.50%	中

注：变异系数大于 100% 的属于强变异，变异系数介于 10% ~ 100% 之间的属于中等变异，变异系数小于 10% 的属于弱变异。

如表 3–2 所示，12 种乔木 4 次测定的单位叶面积滞尘量的变异系数均不高，说明采样期间各植物均呈现出较稳定的滞尘状态。

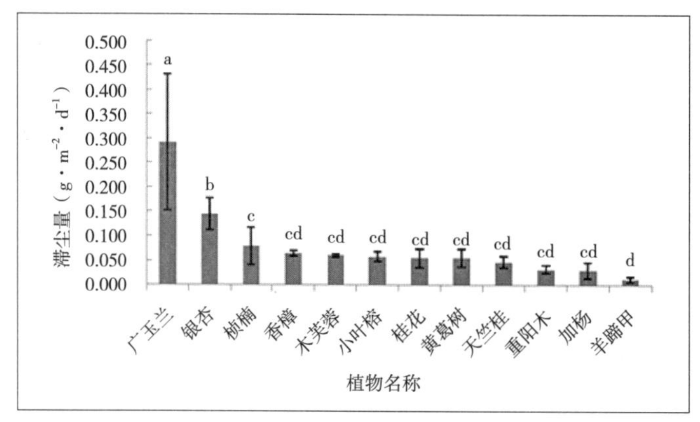

注：不同小写字母表示显著性差异（Duncan $P<0.05$）

图 3–3　乔木植物单位叶面积滞尘能力比较

由图 3–3 可知，乔木类植物单位叶面积滞尘能力的强弱顺序为：广玉兰 > 银杏 > 桢楠 > 香樟 > 木芙蓉 > 小叶榕 > 桂花 > 黄葛树 > 天竺桂 > 重阳木 > 加杨 > 羊蹄甲，广玉兰的单位叶面积滞尘能力最强，其每天的单位叶面积滞尘量均值是 0.292 $g \cdot m^{-2} \cdot d^{-1}$，羊蹄甲的单位叶面积滞尘能力最弱，为 0.012$g \cdot m^{-2} \cdot d^{-1}$，相差达 23 倍多。

用 SPSS 软件对不同植物叶片的单位叶面积滞尘量进行了显著性差异分析，显著水平为 0.05，如图 3–3 所示，结果表明，乔木类植物中，不仅广玉兰、银杏与其他植物的单位叶面积滞尘量存在显著性差异，而且桢楠和羊蹄甲之间也存在显著性差异。分析原因，可能是由于植物本身的特性如叶片的形态结构、着生角度以及树冠的形状、大小和疏密程度等特征不同所导致的。

广玉兰叶厚且为革质，叶片在分枝端簇生向上生长，易于承载粉尘，滞落在叶面的灰尘不容易脱落，观察叶片显微结构，广玉兰叶表面的叶脉形成了较深的沟壑，能将粉尘滞留在叶表沟壑内，所以广玉兰的单位叶面积滞尘量在实验的乔木中最高，如图 3–4（a）、图 3–4（b）及图 3–5（a）；银杏枝近轮生，斜上伸展，叶互生，在长枝上呈辐射状散生，在短枝上呈簇生状，叶片表面有较多叉状并列细脉，粉尘容易滞留于细脉纹路中，这些特征都使银杏叶片有较强的滞尘能力；小叶榕的叶片较厚且为革质，但表面较光滑，观察小叶榕叶片显微结构，如图 3–4（c）、图 3–4（d），叶片两面都有极小的凸起，但没有沟壑以及绒毛等其他滞留粉尘的结构存在，所以小叶榕的单位叶面积滞尘能力一般；而羊蹄甲叶片较薄且为纸质，沉降于叶片的粉尘容易脱落，不易滞留粉尘，通过显微结构可见，羊蹄甲叶脉凸出使叶片下表面呈沟壑状，上表面光滑，且由于叶片与枝条呈下垂的长势，不易承载粉尘，使叶表面与粉尘的接触面积非常有限，因此，羊蹄甲的单位叶面积滞尘量在乔木中最低，如图 3–4（e）、图 3–4（f）

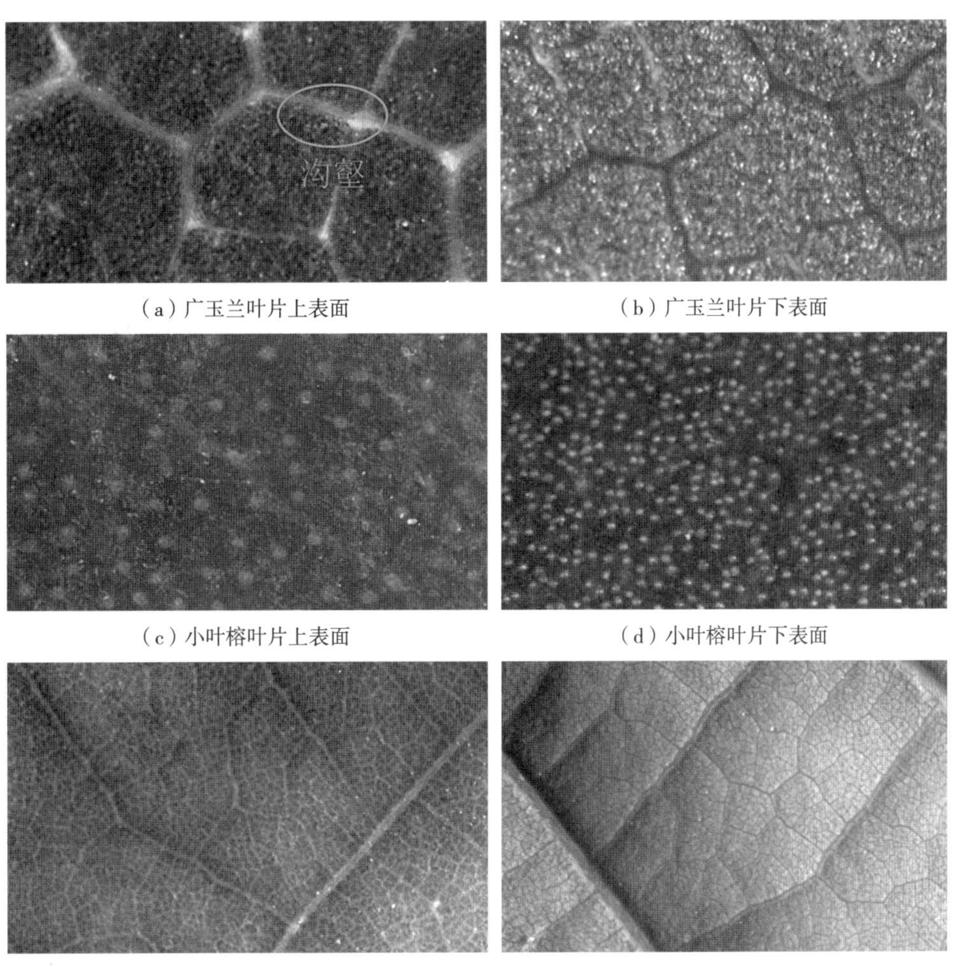

（a）广玉兰叶片上表面　（b）广玉兰叶片下表面

（c）小叶榕叶片上表面　（d）小叶榕叶片下表面

（e）羊蹄甲叶片上表面　（f）羊蹄甲叶片下表面

图 3-4　乔木植物叶表体视显微镜扫描图（10 倍）

（a）广玉兰枝叶长势　（b）羊蹄甲枝叶长势

图 3-5　乔木植物枝叶长势图

及图 3–5（b）。综上分析表明，叶片较厚、革质，叶面有纹路、沟壑，叶片簇生向上生长的植物能滞留更多的粉尘。

二、灌木类植物单位叶面积滞尘能力

分别对黄花槐、细叶十大功劳、毛叶丁香、小叶黄杨、夏鹃、春鹃、金叶假连翘、海桐、红花檵木这 9 种灌木的各部位进行随机均匀采叶，通过 4 次采样测定，统计数据如表 3–3 所示。

灌木植物单位叶面积滞尘能力　　表3–3

植物名称	滞尘量范围 / $g \cdot m^{-2} \cdot d^{-1}$	平均滞尘量 / $g \cdot m^{-2} \cdot d^{-1}$	标准差	变异系数	变异强度
黄花槐	0.054 ~ 0.187	0.101	0.061	60.83%	中
细叶十大功劳	0.032 ~ 0.064	0.043	0.015	35.16%	中
毛叶丁香	0.089 ~ 0.280	0.147	0.090	61.62%	中
小叶黄杨	0.829 ~ 1.601	1.103	0.363	32.93%	中
夏鹃	0.202 ~ 0.394	0.290	0.094	32.50%	中
春鹃	0.049 ~ 0.207	0.130	0.073	56.32%	中
金叶假连翘	0.358 ~ 1.964	0.858	0.744	86.68%	中
海桐	0.385 ~ 0.597	0.482	0.092	19.07%	中
红花檵木	0.447 ~ 0.866	0.688	0.197	28.59%	中

注：变异系数大于 100% 的属于强变异，变异系数介于 10% ~ 100% 之间的属于中等变异，变异系数小于 10% 的属于弱变异。

如表 3–3 所示，9 种灌木 4 次测定的单位叶面积滞尘量的变异系数均在中等变异范围内，说明采样期间各植物的滞尘无异常状态。

由图 3–6 可知，灌木类植物单位叶面积滞尘能力的强弱顺序为：小叶黄杨 > 金叶假连翘 > 红花檵木 > 海桐 > 夏鹃 > 毛叶丁香 > 春鹃 > 黄花槐 > 细叶十大功劳，小叶黄杨的单位叶面积滞尘能力最强，其每天的单位叶面积滞尘量均值是 1.103 $g \cdot m^{-2} \cdot d^{-1}$，细叶十大功劳的单位叶面积滞尘能力最弱，为 0.043 $g \cdot m^{-2} \cdot d^{-1}$，相差达 25 倍多。用 SPSS 软件对不同植物叶片的单位叶面积滞尘量进行显著性差异分析，显著水平为 0.05，如图 3–6 所示，结果表明，不同灌木类植物的滞尘能力存在较大差异。

经观察，不难发现，不同植物的生长形态、叶面结构特征和其栽植形式以及密集程度是造成滞尘量差异的主要原因。研究区域内的小叶黄杨、红花檵木、金叶假连

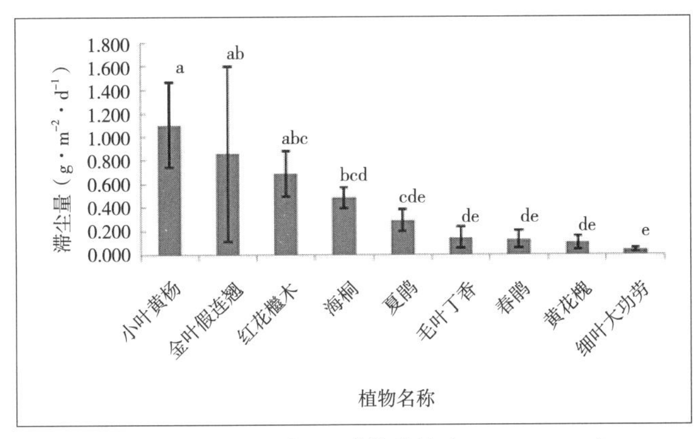

注：不同小写字母表示显著性差异（Duncan $P<0.05$）

图 3–6　灌木植物单位叶面积滞尘能力比较

翘、夏鹃呈带状、片状密集栽植，外界风力带来的粉尘被密集的枝叶截留，使粉尘更易沉降；用体视显微镜观察，红花檵木叶片表面长有很多细密的短纤毛和凸起，且叶面粗糙，如图 3–8（a）、图 3–8（b），海桐叶片为革质且有很多极小凸起，如图 3–8（c）、图 3–8（d），小叶黄杨叶片为革质，且表面有沟壑，如图 3–8（e）、图 3–8（f），金叶假连翘叶片两侧向内微翘，使叶脉形成沟壑，枝叶生长密集，易于粉尘堆积，如图 3–7（a）及图 3–8（g）、图 3–8（h），这些特殊的叶表结构使植物对粉尘有较强的滞留能力，而细叶十大功劳叶片坚硬而叶轴较细，呈低垂状，且叶面光滑，如图 3–7（b）及图 3–8（i）、图 3–8（j），因此细叶十大功劳单位叶面积滞尘量在灌木中最低。综上分析表明，枝叶密集，叶面有纤毛、沟壑，粗糙的植物能滞留更多的粉尘。

（a）金叶假连翘枝叶长势

（b）细叶十大功劳枝叶长势

图 3–7　灌木植物枝叶长势图

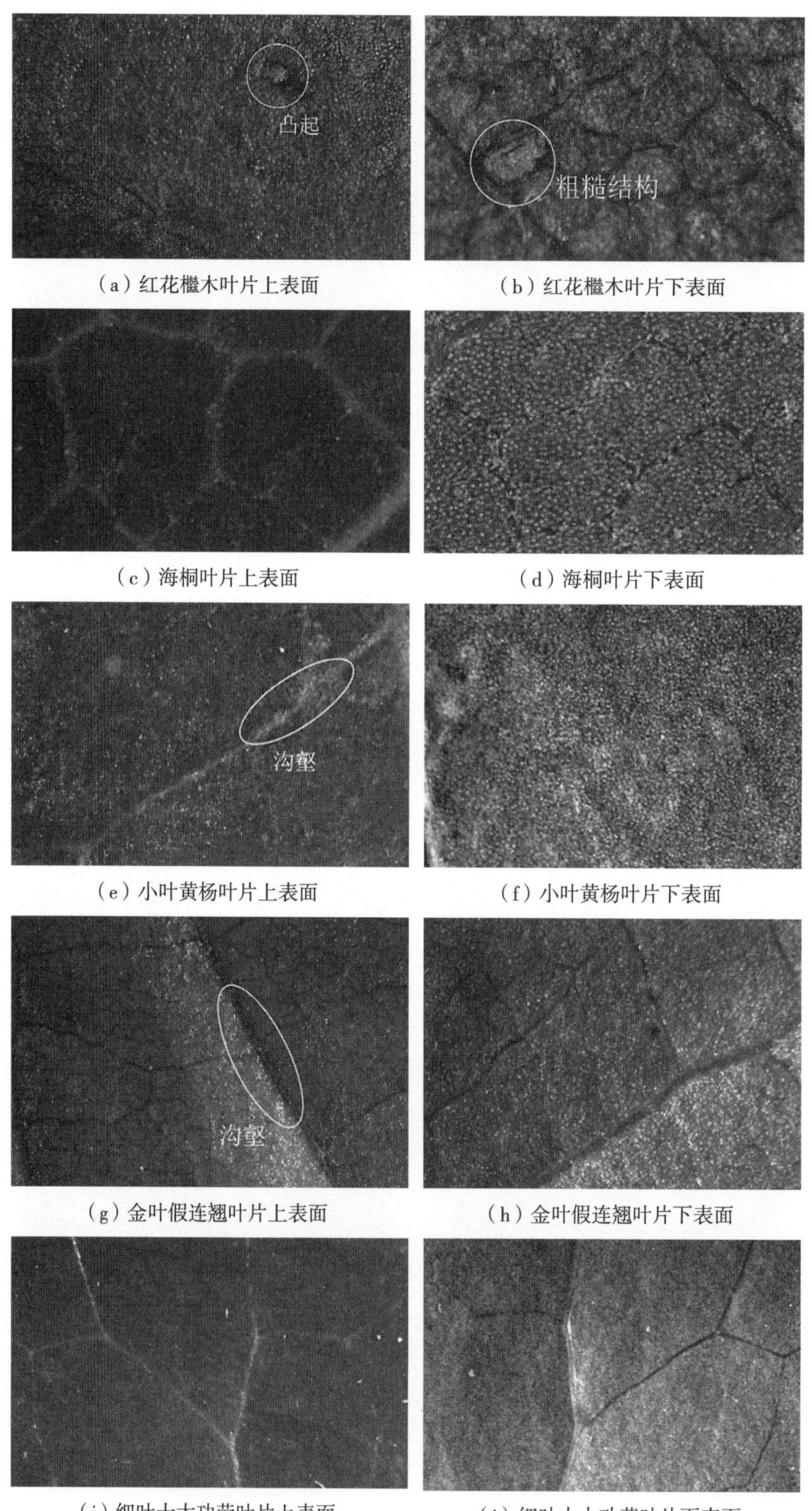

（a）红花檵木叶片上表面
（b）红花檵木叶片下表面
（c）海桐叶片上表面
（d）海桐叶片下表面
（e）小叶黄杨叶片上表面
（f）小叶黄杨叶片下表面
（g）金叶假连翘叶片上表面
（h）金叶假连翘叶片下表面
（i）细叶十大功劳叶片上表面
（j）细叶十大功劳叶片下表面

图 3-8　灌木植物叶表体视显微镜扫描图（10 倍）

三、草本类植物单位叶面积滞尘能力

因草本植物叶片细小，不易测定面积，因此设置 10cm × 10cm 的样块面积并采集样块面积范围内的草本叶片，通过 4 次采样测定，统计数据如表 3–4 所示。

草本植物单位叶面积滞尘能力　　表3–4

植物名称	滞尘量范围 / $g \cdot m^{-2} \cdot d^{-1}$	平均滞尘量 / $g \cdot m^{-2} \cdot d^{-1}$	标准差	变异系数	变异强度
细叶结缕草	0.810 ~ 1.240	0.970	0.189	19.47%	中
麦冬	0.693 ~ 0.983	0.781	0.137	17.48%	中
韭莲	0.607 ~ 0.793	0.661	0.089	13.44%	中
葱莲	0.367 ~ 0.440	0.412	0.031	7.65%	弱

注：变异系数大于 100% 的属于强变异，变异系数介于 10% ~ 100% 之间的属于中等变异，变异系数小于 10% 的属于弱变异。

如表 3–4 所示，所有草本植物 4 次测定的单位叶面积滞尘量的变异系数均在中等变异范围内，说明采样期间各植物的滞尘无异常状态。

由图 3–9 可知，草本类植物单位叶面积滞尘能力的强弱顺序为：细叶结缕草 > 麦冬 > 韭莲 > 葱莲，细叶结缕草的单位叶面积滞尘能力最强，其每天的单位叶面积滞尘量均值是 0.970 $g \cdot m^{-2} \cdot d^{-1}$，葱莲的单位叶面积滞尘能力最弱，为 0.412 $g \cdot m^{-2} \cdot d^{-1}$，相差约 2.4 倍。

用 SPSS 软件对不同植物叶片的单位叶面积滞尘量进行显著性差异分析，显著水平为 0.05，如图 3–9 所示，虽然草本植物之间滞尘量相差并不大，但葱莲与其他 3 种草本植物仍然存在显著性差异，而细叶结缕草与韭莲之间也存在显著性差异。

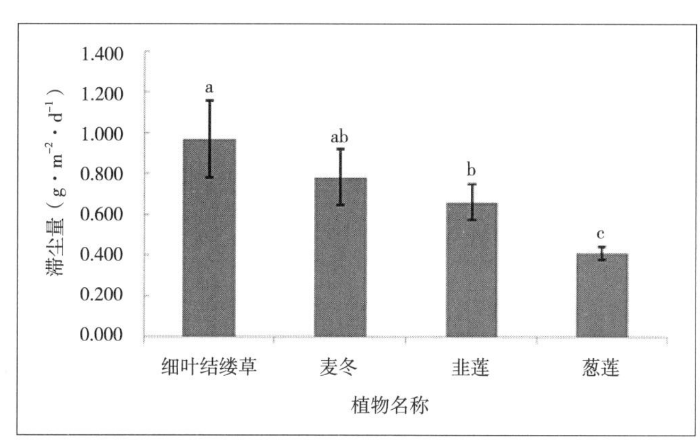

注：不同小写字母表示显著性差异（Duncan $P<0.05$）

图 3–9　草本植物单位叶面积滞尘能力比较

观察发现，细叶结缕草茎叶细短，密集生长，匍匐于地面，且叶片丝状内卷，紧密裹茎，容易将粉尘附滞于草地中，因此滞尘能力最强，如图 3-10 所示；麦冬和韭莲的叶片均呈扁平状，其弯曲细长的叶片滞留粉尘的能力便不及细叶结缕草；葱莲的叶片圆肥呈狭线形，不易承载粉尘，如图 3-11 所示。由此可见，叶片内卷、匍匐且密集生长的草本植物能阻滞较多的粉尘。

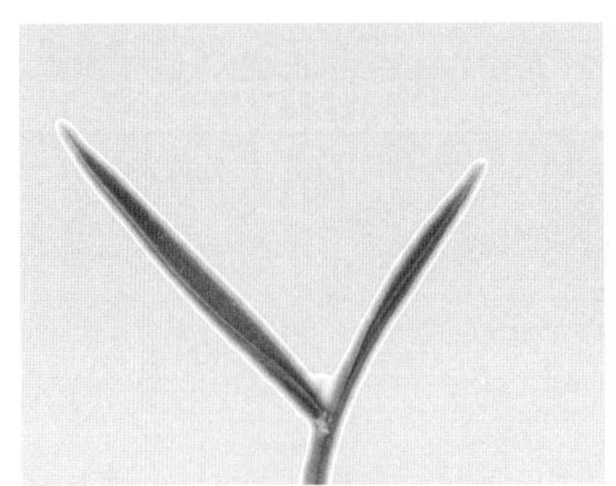

图 3-10　细叶结缕草叶片图

图 3-11　葱莲叶片图

四、植物单位叶面积滞尘能力分级评判

评判不同类型植物滞尘能力的强弱，可以在为植物造景配置乔木、灌木、草本植物的种类和比例时提供参考，具有较强的实践意义和操作性。对乔木、灌木、草本类植物单位叶面积滞尘量平均值进行对比分析，如图 3-12 所示。

由图 3-12 不难看出，不同类型植物的单位叶面积滞尘能力强弱顺序为：草本 > 灌木 > 乔木。分析原因发现，道路的粉尘污染主要来自车辆及路面扬尘，尘源高度对中

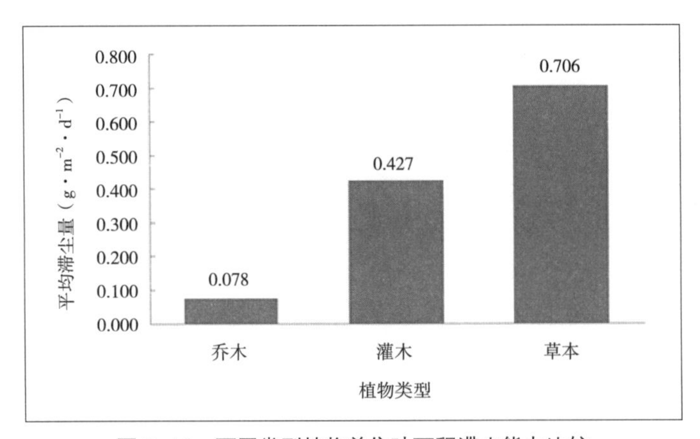

图 3-12　不同类型植物单位叶面积滞尘能力比较

下层空间的植物影响较大，而高大的乔木滞留的粉尘大多来自大气上空降尘，所以低矮的灌木和草本相对乔木的滞尘量更大，且粉尘受重力作用向下沉降，由于草本植物覆盖于地面，高度最低，自然沉降及上层植物脱落的粉尘最终都会降落在草本植物上，因此草本植物的平均滞尘量最大，而位于上层空间的乔木滞尘量最小。

为了使单位叶面积滞尘量反映出的滞尘能力更加系统、直观，探求其内在相关性，研究其分级滞尘能力，对每种植物的单位叶面积平均滞尘量进行聚类分析。参考董希文等[111]对单位叶面积滞尘量的分类标准和聚类分析结果，将25种植物的单位叶面积滞尘能力分为四个级别，如表3–5所示。

植物单位叶面积滞尘能力分级 表3–5

滞尘能力分级	滞尘量 /$g \cdot m^{-2} \cdot d^{-1}$	植物数量 / 种	植物名称
强	0.9 以上	2	小叶黄杨、细叶结缕草
较强	0.6 ~ 0.9	4	金叶假连翘、红花檵木、麦冬、韭莲
中等	0.2 ~ 0.6	4	广玉兰、夏鹃、海桐、葱莲
较弱	0.2 以下	15	桂花、黄葛树、小叶榕、香樟、桢楠、加杨、重阳木、天竺桂、羊蹄甲、银杏、木芙蓉、细叶十大功劳、毛叶丁香、春鹃、黄花槐

由表3–5可知，滞尘能力强或较强的6种植物均是灌木和草本，而实验中的12种乔木，只有广玉兰的滞尘能力属于中等，其他均属于较弱一级，与上述乔木类植物平均滞尘量最小的论证相同；而灌木类也有滞尘能力较弱的植物，如细叶十大功劳、黄花槐等，这则是由于其叶面结构、枝叶形态、着生角度及疏密程度等不利于叶片阻滞粉尘的生长特性所致。

五、植物单位叶面积滞尘能力时空变化

（一）时间变化

植物滞尘是一个复杂的动态过程，植物枝叶对粉尘的滞留随时间的变化而产生变化。分别对植物在一个累积滞尘周期中不同滞尘天数的滞尘量和植物在一天中不同时间的滞尘量进行测定，探寻植物单位叶面积滞尘量的时间变化特征。

1. 累积滞尘周期变化

在一个连续12天无雨的滞尘周期内，测定植物在大雨后第3天、第6天、第9天、第12天分别累积的单位叶面积滞尘量，统计结果如表3–6所示。

植物单位叶面积累积滞尘量/g·m^{-2} **表3–6**

植物类别	植物名称	第 3 天	第 6 天	第 9 天	第 12 天
乔木	香樟	0.207	0.402	0.507	0.796
	桢楠	0.403	0.326	0.471	0.921
	加杨	0.077	0.096	0.249	0.646
	桂花	0.193	0.379	0.235	0.795
	重阳木	0.104	0.193	0.377	0.261
	天竺桂	0.105	0.351	0.341	0.692
	羊蹄甲	0.048	0.077	0.126	0.064
	银杏	0.316	1.062	1.160	1.961
	木芙蓉	0.172	0.378	0.525	0.745
	黄葛树	0.092	0.380	0.663	0.623
	广玉兰	1.442	1.876	1.566	2.392
	小叶榕	0.147	0.309	0.641	0.731
灌木	黄花槐	0.161	0.363	0.923	2.248
	细叶十大功劳	0.193	0.244	0.284	0.408
	毛叶丁香	0.266	1.677	0.807	1.550
	小叶黄杨	4.803	6.870	7.536	9.942
	夏鹃	0.607	1.311	3.546	4.142
	春鹃	0.269	0.294	1.572	2.486
	金叶假连翘	5.892	3.138	5.278	4.298
	海桐	1.314	2.308	4.587	7.163
	红花檵木	1.831	5.196	4.018	9.957
草本	细叶结缕草	3.720	5.700	7.920	9.720
	麦冬	2.950	4.470	6.340	8.310
	韭莲	2.380	3.640	5.720	7.320
	葱莲	1.100	2.530	3.960	5.020

由图 3–13 ~ 图 3–15 不难看出，植物叶片滞尘量基本随时间的推移而呈现累积增长的趋势。除毛叶丁香和金叶假连翘出现了无规律变化外，重阳木、羊蹄甲、黄葛树 3 种植物在第 9 天的累积滞尘量最大，随后变小，而其他植物的累积滞尘量均随时间的推移在第 12 天达到最大，其中桢楠、桂花、天竺桂、广玉兰和红花檵木的滞尘量在第 6 天或第 9 天时出现了回落。此变化趋势表明，在植物不断累积滞尘的过程中，粉尘的滞留与脱落同时存在，受外界环境因素影响，如微风或人为带动枝叶摇动，会使粉尘脱落，而草本植物生长于地面，不易受其他外力影响，所以其累积滞尘量呈现出稳定的增长状态。由于 12 天的无雨周期较短，大部分测定的植物滞尘量仍呈上升趋势，并未达到叶片滞尘的饱和值，就被雨水冲刷，又开始重新滞尘。

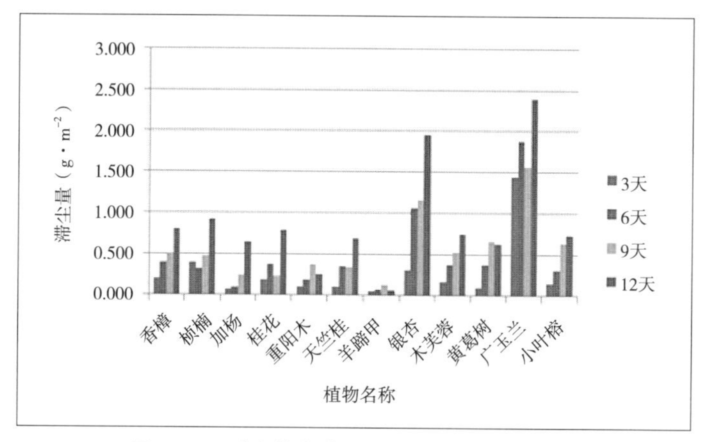

图 3–13　乔木单位叶面积滞尘量累积周期变化

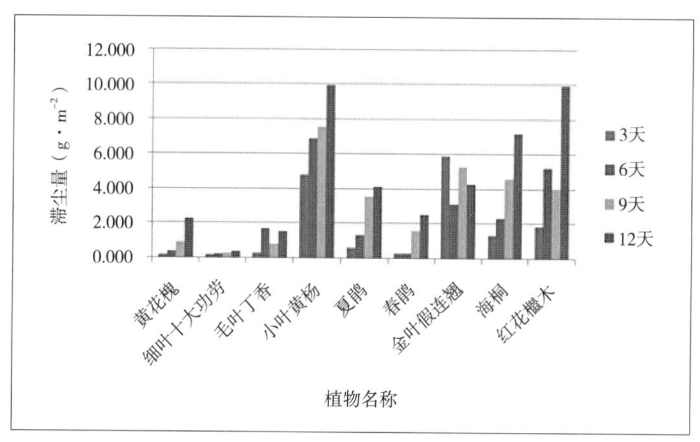

图 3–14　灌木单位叶面积滞尘量累积周期变化

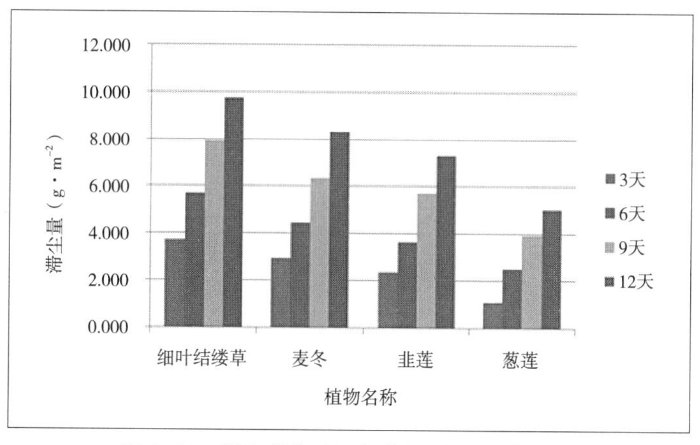

图 3–15　草本单位叶面积滞尘量累积周期变化

2. 日变化

为了研究植物一天内不同时间段滞尘量的变化趋势，于 2013 年 11 月 24 日即雨后第一天，从早上 9 点开始，每间隔 2h 对集中栽植于新南路的 14 种植物进行一次采样，至下午 7 点结束，共 6 个采样时间点，测定各植物在不同时间点的单位叶面积滞尘量，统计结果如表 3–7 所示。

植物一天不同时间段单位叶面积滞尘量/g·m^{-2}　　表3–7

类型	植物种类	9:00	11:00	13:00	15:00	17:00	19:00
乔木	桂花	0.088	0.228	0.116	0.212	0.131	0.134
	银杏	0.005	0.238	0.165	0.479	0.019	0.096
	黄葛树	0.044	0.108	0.042	0.126	0.069	0.146
	小叶榕	0.021	0.039	0.124	0.178	0.235	0.149
	重阳木	0.095	0.121	0.037	0.103	0.079	0.145
	香樟	0.020	0.248	0.179	0.205	0.142	0.143
	天竺桂	0.232	0.175	0.107	0.237	0.173	0.262
灌木	海桐	0.541	0.313	0.167	0.337	0.273	0.319
	金叶假连翘	0.467	0.114	0.778	1.871	1.200	2.904
	红花檵木	0.490	1.402	2.745	1.200	2.248	2.471
	毛叶丁香	1.047	0.947	1.336	0.648	1.366	0.637
	细叶十大功劳	0.091	0.082	0.054	0.033	0.108	0.092
草本	细叶结缕草	0.380	0.760	0.770	0.680	0.960	1.110
	麦冬	0.130	0.330	0.300	0.590	0.590	0.640

观察图 3–16 ~ 图 3–18 可知，不同植物随时间变化呈现出不同的趋势，大致将其分为三类：“M”形、“W”形、“/”形。

属于“M”形的植物有桂花、银杏、黄葛树、重阳木、香樟、红花檵木，其单位叶面积滞尘量从上午 9 点开始呈上升趋势，然后曲折变化，呈现出类似于“M”形的走向。而属于“W”形的植物有天竺桂、海桐、金叶假连翘、毛叶丁香、细叶十大功劳，其单位叶面积滞尘量的趋势是先下降，然后曲折变化，呈现出类似于“W”形的

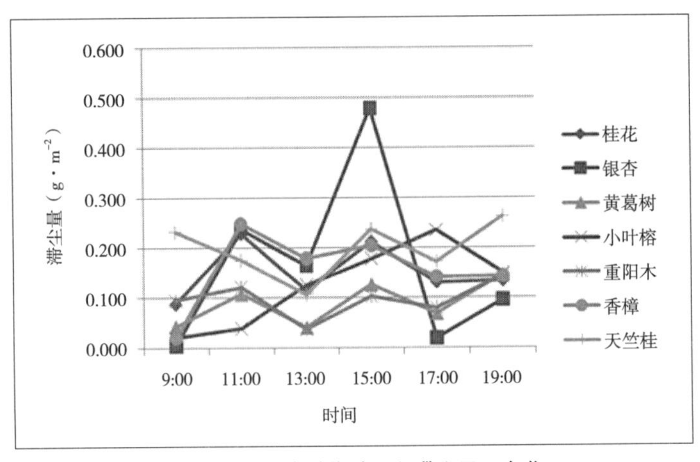

图 3–16　乔木单位叶面积滞尘量日变化

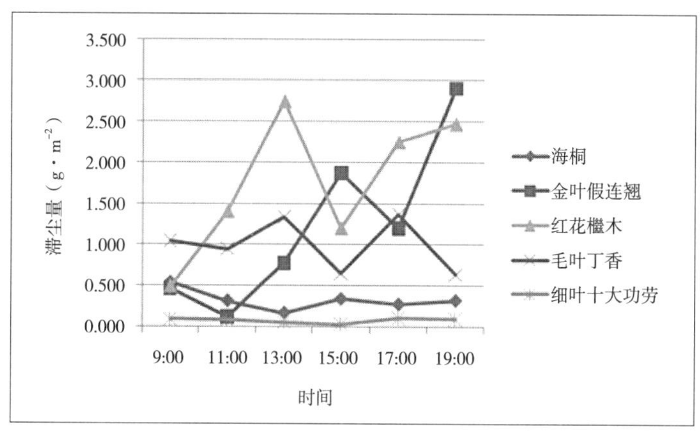

图 3–17　灌木单位叶面积滞尘量日变化

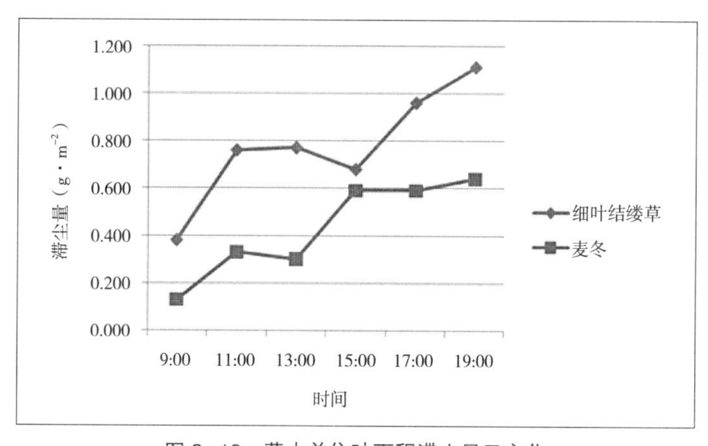

图 3–18　草本单位叶面积滞尘量日变化

走向。此两类植物一开始的变化趋势相反，但随后均呈曲折变化。分析认为，这两类变化趋势可能就是植物叶片粉尘滞留量与脱落量之间一个此消彼长的变化过程，而这个变化又受到粉尘污染源和外界环境因素的影响。当车流等产生的尘源量增加时，植物的滞尘量也随之增加，同时，微风或人为等因素造成的枝叶摆动使叶面粉尘脱落，而植物枝叶不同的密集程度对枝叶摆动形成不同的抑制效果，不同的叶面结构对粉尘也具有不同的滞固能力，因此，不同植物对粉尘的滞留速度与脱落速度的差异，形成了植物叶片滞尘量的曲折变化。

属于“/”形的植物有小叶榕、细叶结缕草、麦冬，其单位叶面积滞尘量的变化基本随时间的推移而上升。推断可能是因为此类植物受外界环境微变化的影响不大，如小叶榕枝叶浓密，内部风速低，枝叶不易晃动造成粉尘脱落，而两种草本植物生长于地面，滞尘能力较稳定。

综上所述，植物滞尘与粉尘脱落是同时存在的，植物叶片一天内的累积滞尘量并不一定是随着时间的推移而呈现线性增加的趋势，由于所测植物所处的外环境基本一致，所以推断可能是因为植物本身生长状态或特性的不同，导致对不同外环境变化的敏感程度不同，或是由于植物叶片本身对粉尘的滞留效果不同，而不同植物滞尘与脱尘的速度变化，还有待进一步考证和总结。

（二）空间变化

位于不同垂直高度和不同平面空间的植物叶片单位叶面积滞尘量并不相同，为探寻其空间变化规律，选择重阳木、天竺桂、小叶榕、黄葛树、香樟、海桐、红花檵木、毛叶丁香、金叶假连翘这 9 种植物为代表，对其不同部位的滞尘量进行测定。

1. 垂直空间变化

乔木类高部为 10m，中部为 6m，低部为 3m，灌木类按各种植物的不同高度等分高、中、低部位。

由图 3-19 可以看出，9 种植物叶片不同部位的滞尘量大小顺序均为：低部 > 中部 > 高部，除重阳木和天竺桂变化不太明显外，其他 7 种植物的变化量都较大。分析原因，可能是因为道路环境中较大的车流和人流极易造成二次扬尘，使植物较低部位叶片的滞尘量明显高于中部和上部的叶片，粉尘受重力作用向下沉降，上层植物叶片脱落的粉尘也会飘落至低矮的叶片上，因此植物最低部的叶片上的滞尘量最大。

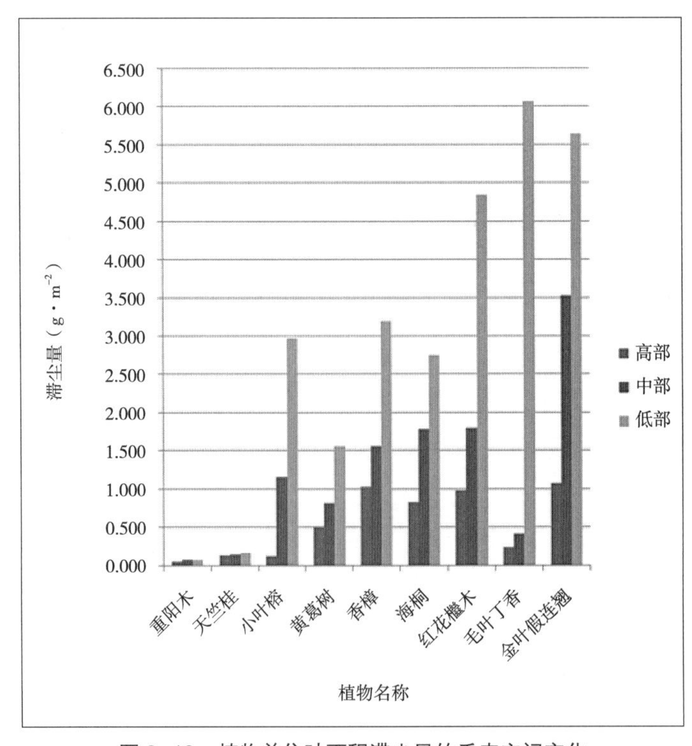

图 3-19　植物单位叶面积滞尘量的垂直空间变化

2. 水平空间变化

对 9 种植物按去车方向、远车道部位、来车方向、近车道部位四个水平部位进行采样，如图 3-1 各采样部位平面图所示，测定各部位的单位叶面积滞尘量。

由图 3-20 可知，除黄葛树、毛叶丁香和红花檵木滞尘量最高的部位为来车方向外，其他 6 种植物均为近车道部位的滞尘量最大，但这 6 种植物来车方向的滞尘量以及黄葛树、毛叶丁香、红花檵木这 3 种植物近车道部位的滞尘量也较大。根据空气动力学原理，车辆驶过路面将粉尘带起，使面对来车方向的植物叶片更容易接触并滞留粉尘，而近车道部位距离尘源最近，因此其叶片滞尘量也较大，说明植物叶片的滞尘量受尘源多少的影响。

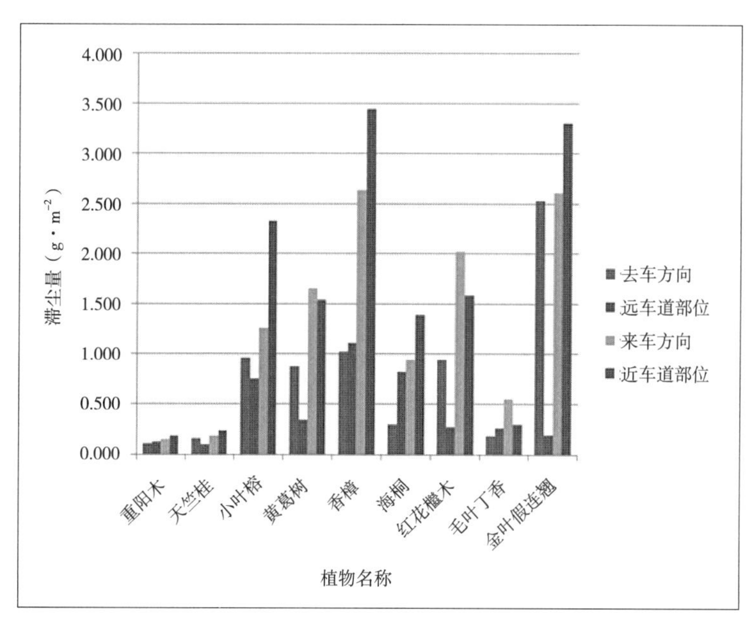

图 3-20　植物单位叶面积滞尘量的水平空间变化

3. 不同绿带变化

本实验选择 7 种同时位于中间分车绿带、行道树绿带、路侧绿带的植物，对其叶片滞尘量进行采样测定，重复 4 次取平均值，结果如表 3-8 所示。

道路不同绿带植物单位叶面积滞尘能力/g·m^{-2}·d^{-1}　　表3-8

植物名称	中间分车绿带	行道树绿带	路侧绿带
桂花	0.048	0.055	0.031
银杏	0.123	0.144	0.118
海桐	0.469	0.482	0.426

续表

植物名称	中间分车绿带	行道树绿带	路侧绿带
金叶假连翘	0.905	0.858	0.833
红花檵木	0.630	0.688	0.592
麦冬	0.798	0.781	0.757
细叶结缕草	0.962	0.970	0.895
平均值	0.562	0.568	0.522

如表 3–8 所示，除金叶假连翘和麦冬在中间分车绿带的滞尘量高于行道树绿带外，整体上，同种植物在不同道路绿带中的单位叶面积滞尘量的大小顺序为：行道树绿带 > 中间分车绿带 > 路侧绿带。可能是因为行道树绿带大多植物配置较丰富，能够拦截较多的粉尘，中间分车绿带宽度较窄，植被层次单一，因此滞尘量低于行道树绿带，而路侧绿带因为距离道路尘源较远，经过行道树绿带的滞尘后，路侧绿带的尘源量较小，因此位于其中的植物的滞尘量最低。

第四节　植物单株滞尘能力解析

植物单株滞尘能力可以反映出一株植物所有叶片的滞尘总量。为了研究植物单株的滞尘能力，测取行道树绿带中常用规格的各植物叶面积指数、冠幅，进而得到植物单株叶量，根据式（3–2）计算出植物单株叶片的滞尘总量，由此衡量各植物单株滞尘能力的强弱。因为未能测得草本的叶面积指数，此处只讨论乔木类和灌木类植物，而道路绿带灌木多以绿篱形式栽植，所以灌木类植物均取 50cm × 50cm 样方作为其冠幅，如表 3–9 所示。

一、乔木类植物单株滞尘能力

乔木类植物单株滞尘总量　　表3–9

植物种类	叶面积指数（LAI）	冠幅 /m^2	单位叶面积滞尘量 / $g \cdot m^{-2} \cdot d^{-1}$	单株滞尘总量 / $g \cdot d^{-1}$
香樟	3.99	16.61	0.065	4.287
桢楠	5.87	6.15	0.079	2.867
加杨	4.2	24.62	0.031	3.182

续表

植物种类	叶面积指数（LAI）	冠幅 /m²	单位叶面积滞尘量 / g·m⁻²·d⁻¹	单株滞尘总量 / g·d⁻¹
桂花	4.31	15.9	0.055	3.768
重阳木	5.46	39.57	0.033	7.048
天竺桂	6.13	10.4	0.047	3.014
羊蹄甲	3.87	29.21	0.012	1.360
银杏	1.36	18.85	0.144	3.683
木芙蓉	3.33	11.34	0.060	2.272
黄葛树	3.76	54.08	0.055	11.168
广玉兰	3.44	10.75	0.292	10.787
小叶榕	5.41	47.76	0.058	15.014

如图 3-21 所示，常见道路绿带乔木类植物单株滞尘能力的强弱顺序为：小叶榕 > 黄葛树 > 广玉兰 > 重阳木 > 香樟 > 桂花 > 银杏 > 加杨 > 天竺桂 > 桢楠 > 木芙蓉 > 羊蹄甲。分析原因，综合比较表 3-2 和表 3-9 可见，单位叶面积滞尘量最大的广玉兰，其单株的滞尘总量并不是最大，说明植物单株滞尘能力与其单位叶面积滞尘量、冠幅以及叶面积指数均呈正相关关系。小叶榕和黄葛树由于其叶面积指数和冠幅均较大，因此，即使单位叶面积滞尘量不高，其单株的滞尘总量仍比广玉兰大。同样，单位叶面积滞尘量较低的重阳木因单株叶量较大，所以其单株滞尘能力也较大；银杏的单位叶面积滞尘量较大，仅次于广玉兰，但由于其叶面积指数低，冠幅较小，造成其单株的滞尘总量偏低。

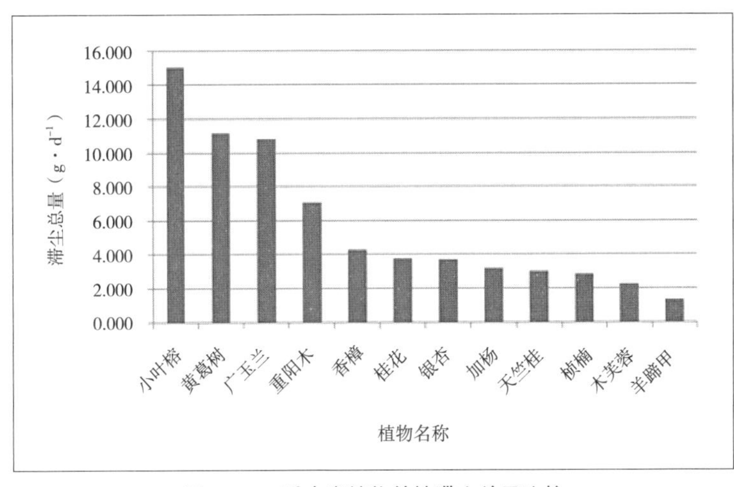

图 3-21　乔木类植物单株滞尘总量比较

二、灌木类植物单株滞尘能力

如图 3–22 所示，常见道路绿带灌木类植物单株滞尘能力的强弱顺序为：金叶假连翘 > 小叶黄杨 > 红花檵木 > 海桐 > 夏鹃 > 毛叶丁香 > 春鹃 > 黄花槐 > 细叶十大功劳。由于灌木类植物选取的样方冠幅面积相同，其单株滞尘能力则只与其单位叶面积滞尘量和叶面积指数相关。综合比较表 3–3 和表 3–10 可见，灌木类植物的滞尘能力强弱差异并不大，仅金叶假连翘由于叶面积指数较大，而使其滞尘总量比单位叶面积滞尘量最大的小叶黄杨大。

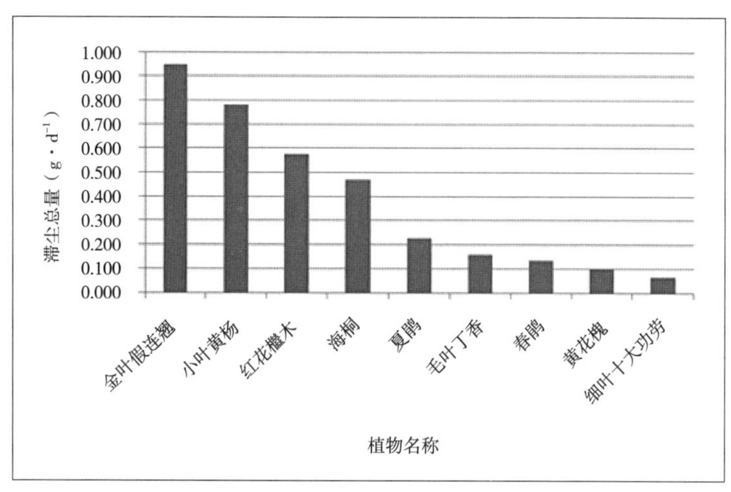

图 3–22　灌木类植物单株滞尘总量比较

灌木类植物单株滞尘总量　　表3–10

植物种类	叶面积指数（LAI）	冠幅 /m^2	单位叶面积滞尘量 / $g \cdot m^{-2} \cdot d^{-1}$	单株滞尘总量 / $g \cdot d^{-1}$
黄花槐	4.08	0.25	0.101	0.103
细叶十大功劳	6.04	0.25	0.043	0.064
毛叶丁香	4.34	0.25	0.147	0.159
小叶黄杨	2.84	0.25	1.103	0.783
夏鹃	3.12	0.25	0.290	0.226
春鹃	4.07	0.25	0.130	0.132
金叶假连翘	4.42	0.25	0.858	0.948

续表

植物种类	叶面积指数（LAI）	冠幅 /m^2	单位叶面积滞尘量 / $g \cdot m^{-2} \cdot d^{-1}$	单株滞尘总量 / $g \cdot d^{-1}$
海桐	3.91	0.25	0.482	0.471
红花檵木	3.34	0.25	0.688	0.575

综上所述，在基于滞尘作用的道路绿带植物配置过程中，不仅要植物的单位叶面积滞尘量高，同时叶面积指数和冠幅也要较大，才能更好地发挥绿带植物的整体滞尘作用。

CITY SCAVENGER

第四章

城市道路绿带植物群落滞尘效益

道路绿带中通过人工植物配置形成的栽培群落具有人为可控制性，道路绿带植物群落滞尘效益的理论研究可在实践中指导植物群落的栽植配置，从而减少道路粉尘污染。不同植物群落配置模式的滞尘效益不同，通常以群落减尘率的大小来衡量植物群落的滞尘效益，一般通过对植物群落样方及其所处环境空地的颗粒物浓度进行测定比较，来获得植物群落的减尘率。王蕾等[112]采用环境扫描电镜（ESEM）和X-射线衍射仪（XRD）对北京市4个地点的11种园林植物叶面附着的大气颗粒物理化性质的研究表明，叶面附着的大气颗粒物主要是与人类健康关系密切的PM_{10}（98.4%）和$PM_{2.5}$（64.2%）。因此，本章的目的是通过测定道路绿带植物群落样方对PM_{10}和$PM_{2.5}$的减尘率，总结道路绿带中滞尘效益强的植物配置模式，并观测、分析影响植物群落滞尘效益强弱的因素以及群落中颗粒物浓度的变化特征，探寻植物群落对PM_{10}和$PM_{2.5}$细颗粒物的滞尘机理，以期通过科学的植物群落配置模式提高道路绿带的滞尘效益。

第一节　植物群落滞尘效益的内容

道路绿带植物群落滞尘效益的内容包括不同结构的植物群落对PM_{10}和$PM_{2.5}$的滞尘效益、植物群落对PM_{10}和$PM_{2.5}$的滞尘效益分级评判、叶面积指数对植物群落滞尘效益的影响、环境因子与植物群落中PM_{10}和$PM_{2.5}$浓度的相关性、植物群落中PM_{10}和$PM_{2.5}$浓度的时空变化、不同绿带植物群落滞尘效益的变化差异等。

园林绿地具有综合减尘作用，绿地中粉尘的浓度值显著低于非绿地，通常以群落减尘率的大小来评判园林绿地植物群落的滞尘效益。一般通过对植物群落样方及其所处环境空地的颗粒物浓度进行测定比较，来获得园林绿地植物群落的减尘率。

粉尘的浓度则是通过采集空气中颗粒物重量与空气体积的比值所得，只是采样的方法各有不同。粟志峰等[81]在采样点放置降尘缸，按粉尘自然沉降重量法进行分析。罗曼[113]利用不同系列颗粒物切割器的大气采样器采集不同粒径的颗粒物，通过对滤膜称重进行分析。郭含文等人[114]则应用微电脑激光粉尘仪直接对大气颗粒物浓度进行测定，此方法较前两种方法更为简便、精确，因而目前应用比较广泛。

然而，大气颗粒物按粒径大小分为TSP、PM_{10}、PM_5、$PM_{2.5}$及PM_1等不同指标等级，但大多数研究仅以TSP或PM_{10}的一个浓度指标作为衡量植物群落滞尘效益的评判标准，也许还不能全面、真实地反映植物群落的滞尘效益，因此，建立基于不同粒径的测定技术方法及综合评价指标体系值得期待。

第二节　植物群落滞尘效益的测定

一、样地及样方

（一）道路样地

为了标准化实验数据的有效可比性，综合考虑其环境质量因素，选取道路绿带植被生长状况良好、植物配置丰富的典型城市交通主干道共计 14 条作为道路样地。

（二）样方设置

本书研究采用群落学常规样方调查方法，并根据城市道路绿带自身的特点以及研究内容的不同，选取 14 条道路样地中位于行道树绿带的植物群落，设置样方为 3m × 10m（3m 边为垂直道路边，10m 边为平行道路边），共计 45 个样方。在不同结构植物群落滞尘效益的研究中选取了 30 个位于行道树绿带的植物群落样方，其中涵盖了乔灌草型、乔灌型、乔草型、灌草型、乔木型、草地型 6 种植物群落结构，具体配置如表 4–1 所示。植物群落中不同垂直高度颗粒物浓度变化研究选取了 8 个群落样方，具体配置如表 4–2 所示。植物群落中不同水平宽度的颗粒物浓度变化研究选取了 1 个宽绿带样方，宽度为 27m，具体配置如表 4–3 所示。植物群落中颗粒物浓度日变化分析选取了 8 个样方，具体配置如表 4–4 所示。其中，各样方植物均为城市主干道路绿化配置常用规格，无特大古树或过小幼树。详细植物名录见附录。

不同结构植物群落滞尘效益研究样方　　表4–1

群落结构	样方编号	地点	群落配置模式
乔灌草型	1 号	人和大道	小叶榕 + 银杏 + 红叶李—小叶黄杨 + 紫薇 + 花叶艳山姜—麦冬
	2 号	余松路	黄葛树 + 桂花 + 天竺桂—毛叶丁香 + 海桐 + 九重葛—细叶结缕草
	3 号	黄山大道	天竺桂—红花檵木 + 小叶黄杨 + 毛叶丁香 + 金边六月雪—麦冬
	4 号	星光大道	黄葛树 + 木芙蓉—南天竹 + 小叶黄杨 + 红花檵木 + 春鹃 + 细叶十大功劳—麦冬
	5 号	龙溪路	黄葛树 + 蓝花楹—日本珊瑚树—麦冬
	6 号	金开大道	小叶榕—金叶假连翘 + 小叶女贞—麦冬
	7 号	金开大道	天竺桂—红花檵木 + 毛叶丁香 + 贴梗海棠 + 海桐—麦冬

续表

群落结构	样方编号	地点	群落配置模式
乔灌型	8 号	余松路	天竺桂 + 银杏—红叶石楠 + 小叶黄杨
	9 号	盘溪路	桂花 + 广玉兰—春鹃
	10 号	龙溪路	黄葛树 + 蒲葵—细叶十大功劳 + 小叶黄杨
	11 号	新南路	银杏—苏铁 + 黄花槐 + 海桐 + 细叶十大功劳 + 红花檵木
	12 号	新南路	加拿利海枣 + 桂花 + 重阳木—金叶假连翘 + 红花檵木 + 春鹃
	13 号	新南路	桂花 + 紫薇—毛叶丁香 + 海桐 + 春鹃 + 夏鹃 + 红花檵木 + 小叶黄杨
	14 号	黄山大道	银杏 + 樱花 + 二乔玉兰—小叶黄杨 + 红花檵木
乔草型	15 号	余松路	小叶榕 + 香樟 + 银杏 + 桂花—麦冬 + 细叶结缕草
	16 号	余松路	银杏 + 桂花 + 红叶李—麦冬 + 细叶结缕草
	17 号	余松路	银杏 + 樱花—麦冬
	18 号	余松路	小叶榕—麦冬 + 细叶结缕草
灌草型	19 号	余松路	海桐 + 红花檵木 + 小叶黄杨—细叶结缕草
	20 号	盘溪路	红花檵木 + 天竺桂（球）+ 毛叶丁香—麦冬
	21 号	盘溪路	小叶黄杨 + 红花檵木 + 毛叶丁香 + 南天竹—麦冬
乔木型	22 号	天生路	广玉兰 + 银杏
	23 号	龙山路	小叶榕 + 银杏
	24 号	龙溪路	小叶榕 + 重阳木
	25 号	金开大道	银杏
	26 号	龙山路	黄葛树
	27 号	黄山大道	重阳木
草地型	28 号	新南路	细叶结缕草
	29 号	余松路	细叶结缕草 + 麦冬
	30 号	盘溪路	麦冬

植物群落中颗粒物浓度垂直空间变化研究样方　　表4-2

群落结构	样方编号	地点	群落配置模式
乔灌草型	31 号	缙云大道	杜英 + 红叶李—茶花 + 红千层 + 毛叶丁香—葱莲
乔灌草型	32 号	缙云大道	杜英 + 羊蹄甲—紫薇 + 茶花 + 毛叶丁香 + 红花檵木—葱莲
乔灌型	33 号	缙云大道	小叶榕—红叶石楠 + 红花檵木 + 紫薇
乔灌型	34 号	嘉运大道	天竺桂—红花檵木 + 毛叶丁香 + 八角金盘
乔草型	35 号	龙溪路	小叶榕—麦冬
乔草型	36 号	安礼路	广玉兰 + 桂花 + 银杏—麦冬
乔木型	37 号	碚南大道	黄葛树
乔木型	38 号	龙溪路	重阳木 + 小叶榕

植物群落中颗粒物浓度水平空间变化研究样方　　表4-3

群落结构	样方编号	地点	群落配置模式
乔灌草型	39 号	余松路	加杨 + 小叶榕 + 天竺桂 + 水杉—海桐 + 木芙蓉—细叶结缕草

植物群落中颗粒物浓度日变化研究样方　　表4-4

群落结构	样方编号	地点	群落配置模式
乔灌草型	40 号	新南路	银杏 + 桂花—海桐 + 红花檵木—麦冬 + 细叶萼距花
乔灌草型	41 号	星光大道	银杏 + 桂花 + 二乔玉兰 + 垂丝海棠—蜡梅 + 毛叶丁香 + 鹅掌柴—麦冬 + 细叶结缕草
乔灌型	42 号	新南路	银杏—苏铁 + 四季桂 + 细叶十大功劳
乔灌型	12 号	新南路	加拿利海枣 + 桂花 + 重阳木—金叶假连翘 + 红花檵木 + 春鹃
乔草型	43 号	新南路	银杏 + 红叶李—麦冬 + 细叶萼钜花
乔草型	44 号	新南路	银杏—细叶结缕草
灌草型	45 号	新南路	南天竹 + 棕竹 + 春羽 + 花叶艳山姜—肾蕨 + 细叶结缕草 + 三色堇
草地型	28 号	新南路	细叶结缕草

二、测量仪器

测量所用的仪器有风速计、温湿度计、粉尘检测仪、冠层分析仪、激光测距仪、高空作业车、皮尺。其中，所用的 WinScanopy 2005a 型冠层分析仪为加拿大 Regent Instruments 公司的产品，包括 Minolta DiMAGE Xt 数码相机和外接 Nikon FC-E8 鱼眼镜头，如图 4-1 所示；温湿度计使用的是泰仕电子工业股份有限公司制造的 TES—1363 温湿度计；粉尘检测仪使用的是青岛聚创环保设备有限公司制造的 PC-3A 袖珍型激光可吸入粉尘连续检测仪，如图 4-2 所示；高空作业车使用的是重庆市北碚区城市绿化工程处的“五十铃”（ZQZ5065JGK）高空作业车。

图 4-1　WinScanopy 2005a 型冠层分析仪

图 4-2　PC-3A 袖珍型激光可吸入粉尘连续检测仪

三、样方测定

（一）测量点

根据空气动力学原理，道路粉尘污染颗粒物由道路车行道向人行道飘浮蔓延。因此，在表 4–1 所示样方的测量点设置中，以车行道边缘为对照点，3m 宽绿带的另一平行边为实验点，每个样方内间隔 5m 平行设置 3 组测量点，各点距离地面 1.5m 高，作为不同结构植物群落滞尘效益研究样方的测量点，如图 4–3 所示。

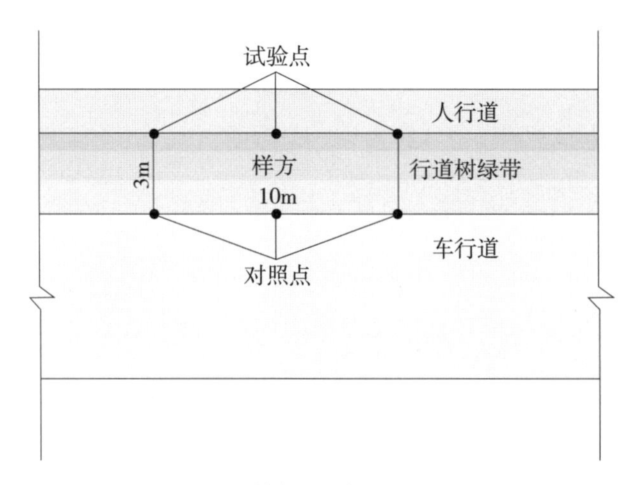

图 4–3　样方测量点平面示意图

选取表 4–2 中各样方平面的对角线交点，在距离地面垂直高度 1.5m、5m、10m 处设置 3 个测量点，作为研究植物群落中颗粒物浓度垂直空间变化的测量点。

对表 4–3 中的 39 号样方，以车行道边缘为起点，每隔 3m 水平距离设置一个测量点，共 10 个测量点，每个测量点设置三个平行样点，各点距离地面 1.5m 高，作为研究植物群落中颗粒物浓度水平空间变化的测量点。

将表 4–4 中各样方平面的对角线交点距地面 1.5m 高处作为研究植物群落中颗粒物浓度日变化的测量点。

（二）测定时间

选择晴朗无风的两天时间为 1 号 ~ 30 号及 39 号植物群落样方的测定时间；选择晴朗无风的一天为 31 号 ~ 38 号样方的测定时间；选择晴朗无风的一天，从 9 点至 19 点，每隔 2 小时为一个测量时间点，共 6 个时间点，每个时间点的测量工作在 50 分钟内完成，作为植物群落中颗粒物浓度日变化的测定时间。

四、测定指标

（一）颗粒物浓度（PM_{10}、$PM_{2.5}$）

植物群落样方的粉尘含量一般以空气中的可吸入颗粒物浓度（V）来度量，本研究结合时下热点话题，应用激光粉尘仪同时测定各样方测量点的 PM_{10} 和 $PM_{2.5}$ 两个指标，每个测量点测 3 次，取平均值。在测量过程中，手持激光粉尘仪于各测量点，进气口均朝向车行道方向，尽量避免抖动以及周边的人为干扰，且在每次测定前都要校准仪器。

（二）叶面积指数

植物群落林冠的叶面积指数能够反映该群落样方的绿量，应用冠层分析仪测定各植物群落样方的叶面积指数。根据植物群落结构的特点，各样方选取 3 个拍摄点进行半球图像采集。为确保数据采集时环境及天气条件稳定，消除太阳直射产生光斑以及风使叶片发生摆动而造成的图片模糊不清的影响，选取 2014 年 1 月一个无风的阴天进行拍摄，拍摄高度定为 0.2m。拍摄时使用支撑以保持相机水平，镜头朝上，获得影像文件（Circular or Hemispherical Images）[115]。

（三）环境因子（风速、湿度、温度）

在测定每个测量点颗粒物浓度的同时，用便携式风速计、温湿度测试仪测定其风速、温度、湿度，各重复测定 3 次，取最大风速值以及温度、湿度的平均值。

五、数据处理与指标计算

利用 Excel 2007 对所有测得的实验数据进行整理，应用 WinScanopy 林冠影像分析软件（WinScanopy For Hemispherical Image Analysis）对冠层分析仪所获得的影像文件进行分析，得出群落林冠的叶面积指数（LAI），应用 SPSS 16.0 软件（SPSS Inc，Chicago，IL，USA）进行数据分析：单因素显著性分析（One-way Analysis of Variance，ANOVA）；聚类分析（Hierarchical Cluster Analysis）；皮尔森相关性分析（Pearson's Correlation Analysis）。通过群落样方实验点与对照点颗粒物浓度的降低比例，即减尘率（Q）来衡量植物群落的滞尘效益，减尘率的计算公式则为：

$$Q=[(V_1-V_2)/V_1]\times 100\% \tag{4-1}$$

式中　Q——植物群落样方减尘率；

V_1——对照点颗粒物浓度，$mg \cdot m^{-3}$；

V_2——实验点颗粒物浓度，$mg \cdot m^{-3}$。

第三节　植物群落对 PM_{10} 的滞尘效益解析

对 6 种群落结构的样方实验点与对照点空气中的 PM_{10} 浓度进行测定，计算得出减尘率，比较不同群落对 PM_{10} 的滞尘效益。

一、乔灌草型植物群落对 PM_{10} 的滞尘效益

实验选取 7 个不同的乔灌草型群落样方，植物具体组成如表 4–1 所示，其对 PM_{10} 的减尘率如图 4–4 所示。

7 个乔灌草型样方虽然群落结构相同，但因其不同的植物种类及配置模式等的影响，对 PM_{10} 的滞尘效益不同。如图 4–4 所示，7 个乔灌草型样方滞尘效益的强弱顺序为：2 号 >6 号 >7 号 >1 号 >3 号 >4 号 >5 号。其中，滞尘效益最强的是 2 号样方，其群落配置模式为：黄葛树 + 桂花 + 天竺桂—毛叶丁香 + 海桐 + 九重葛—细叶结缕草，减尘率为 14.05%；而滞尘效益最弱的是 5 号样方，其群落配置模式为：黄葛树 + 蓝花楹—日本珊瑚树—麦冬，减尘率为 4.8%。

用 SPSS 软件对各样方减尘率进行了显著性差异分析，显著水平为 0.05，如图 4–4 所示，结果表明差异显著。对比样方群落配置模式，分析发现 2 号样方中物种丰富度高，包含了常绿乔灌木、落叶乔木、灌木和草本，其中黄葛树、海桐等在植物整株叶片滞尘能力研究中显示滞尘量都较高，并且此群落样方叶面积指数为 3.14，相对较大，所以减尘率最高。5 号样方中虽也有黄葛树，但植物种类比较单一，绿量较少，叶面积指数仅为 0.96，相对较小，因此，其滞尘能力较弱。可见，植物群落对 PM_{10} 的滞尘

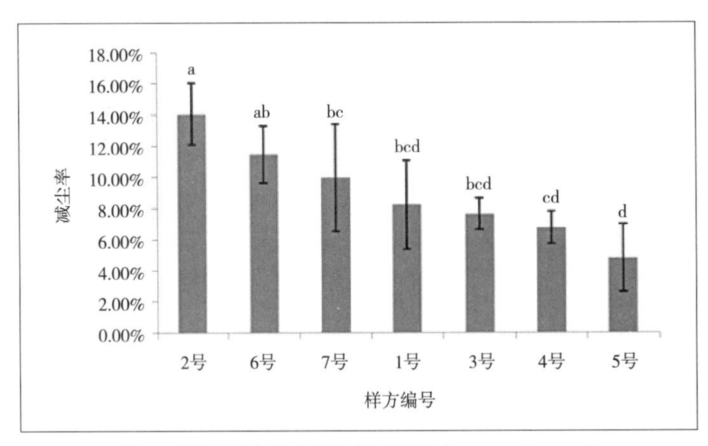

注：不同小写字母表示显著性差异（Duncan $P<0.05$）

图 4–4　乔灌草型植物群落对 PM_{10} 的滞尘效益

效益与植物种类以及群落的叶面积指数即绿量等因素相关，而结构层次完整的乔灌草型复层群落的植物组成种类相对较丰富，绿量较大，因此，总的来说，7 个乔灌草型样方的减尘率都不低，说明乔灌草型植物群落对 PM_{10} 有良好的滞尘效果。

二、乔灌型植物群落对 PM_{10} 的滞尘效益

实验选取 7 个不同的乔灌型群落样方，植物具体组成如表 4-1 所示，其对 PM_{10} 的减尘率如图 4-5 所示。

如图 4-5 所示，7 个乔灌型样方对 PM_{10} 的滞尘效益强弱顺序为：12 号 >14 号 >9 号 >13 号 >10 号 >8 号 >11 号。滞尘效益最强的是 12 号样方，其群落配置模式为：加拿利海枣 + 桂花 + 重阳木—金叶假连翘 + 红花檵木 + 春鹃，减尘率为 7.11%；而滞尘效益最弱的是 11 号样方，群落组成为：银杏—苏铁 + 黄花槐 + 海桐 + 细叶十大功劳 + 红花檵木，减尘率为 2.26%。

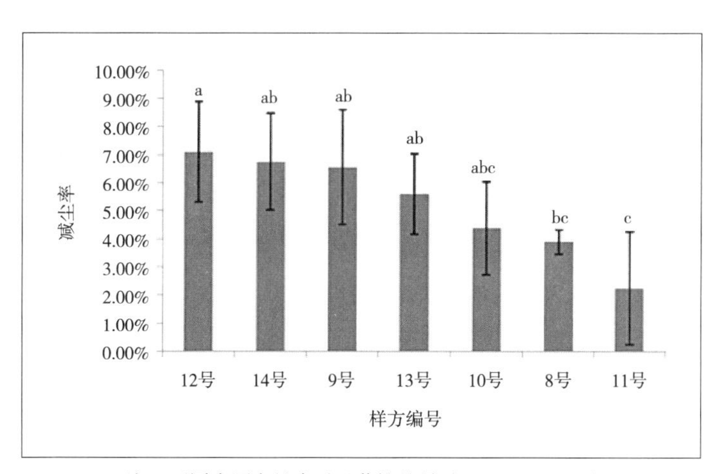

注：不同小写字母表示显著性差异（Duncan $P<0.05$）

图 4-5　乔灌型植物群落对 PM_{10} 的滞尘效益

用 SPSS 软件对各样方减尘率进行了显著性差异分析，显著水平为 0.05，如图 4-5 所示，结果表明 11 号样方与 9 号、12 号、13 号、14 号样方存在显著性差异，造成这种结果的原因主要是 11 号样方中乔木层植物种类少，只有落叶乔木银杏，实验测量期间正为其枯叶期，叶片大多凋落，群落叶面积指数较低，滞尘叶片少，零星叶片上滞留的粉尘随叶片的凋落而脱落，而样方中种植较多的黄花槐、细叶十大功劳均为叶片滞尘能力较弱的植物，致使群落的减尘率较低。减尘率最高的 12 号样方的群落叶面积指数在 7 个样方中最大，且样方中的重阳木、金叶假连翘等植物的整株叶片滞尘能力都较强，因此，群落的滞尘效益比其他 6 个样方强。

三、乔草型植物群落对 PM_{10} 的滞尘效益

实验选取 4 个不同的乔草型群落样方，植物具体组成如表 4–1 所示，其对 PM_{10} 的减尘率如图 4–6 所示。

如图 4–6 所示，4 个乔草型样方对 PM_{10} 的滞尘效益强弱顺序为：18 号 >16 号 >15 号 >17 号。其中，滞尘效益最强的是 18 号样方，其群落配置模式为：小叶榕—麦冬 + 细叶结缕草，减尘率为 7.67%；而滞尘效益最弱的是 17 号样方，其群落配置模式为：银杏 + 樱花—麦冬，减尘率为 5.41%。

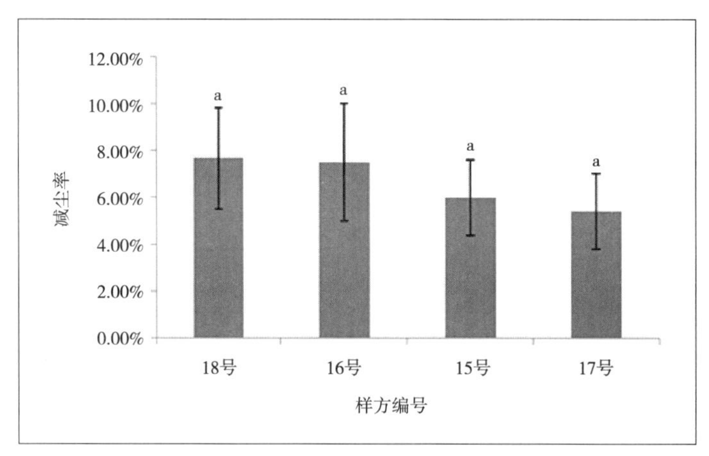

注：不同小写字母表示显著性差异（Duncan $P<0.05$）

图 4–6　乔草型植物群落对 PM_{10} 的滞尘效益

用 SPSS 软件对各样方减尘率进行了显著性差异分析，显著水平为 0.05，如图 4–6 所示，结果表明 4 个样方之间的差异性并不显著。乔草型群落通过乔木层植物叶片阻滞空气中的粉尘，地被层的草本植物覆盖地面以防止扬尘，并能有效滞留上层空间沉降的粉尘，因此，乔草型样方的滞尘效益总体较好，17 号样方减尘率最小，对比分析其配置模式发现，15 号、16 号和 18 号样方多有小叶榕、香樟、桂花等常绿的高大乔木，叶面积指数在 2 ~ 4 之间，枝叶生长茂盛，减尘率均相差不大，而 17 号样方的乔木层为落叶植物银杏和樱花，叶面积指数最小，实验测量期间正为乔木枯叶期，叶片大多凋落，滞尘叶片少，零星叶片上滞留的粉尘随叶片的凋落而脱落，群落样方内能滞尘的植物少，致使其滞尘效益较弱，但由于群落中湿度较大，PM_{10} 颗粒物与水分子结合重量增大，受重力作用，仍然会自然沉降，所以 17 号样方与其他 3 个样方之间的减尘率差异并不显著。这说明植物群落对 PM_{10} 的滞尘效益不仅和群落的植物组成、叶面积指数有关，还与环境气象因子等多方面因素相关。

四、灌草型植物群落对 PM_{10} 的滞尘效益

因道路绿带中灌草型植物应用较少，实验只有 3 个不同的灌草型群落样方，植物具体组成如表 4–1 所示，其对 PM_{10} 的减尘率如图 4–7 所示。

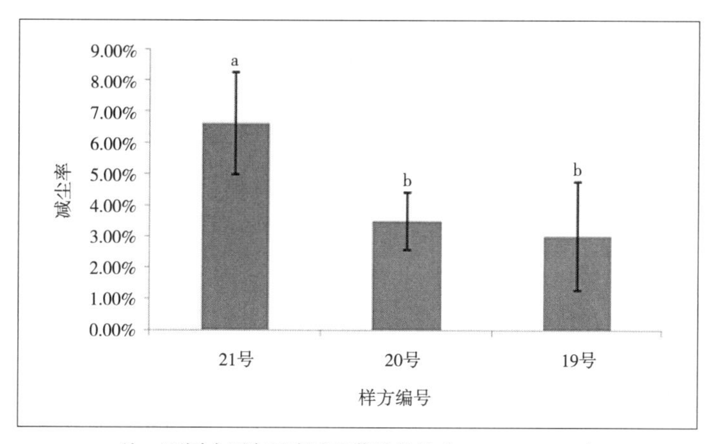

注：不同小写字母表示显著性差异（Duncan $P<0.05$）

图 4–7　灌草型植物群落对 PM_{10} 的滞尘效益

如图 4–7 所示，3 个灌草型样方对 PM_{10} 的滞尘效益强弱顺序为：21 号 >20 号 >19 号。滞尘效益最强的是 21 号样方，其群落配置模式为：小叶黄杨 + 红花檵木 + 毛叶丁香 + 南天竹—麦冬，减尘率为 6.61%；而滞尘效益最弱的是 19 号样方，群落组成为：海桐 + 红花檵木 + 小叶黄杨—细叶结缕草，减尘率为 3.01%。

用 SPSS 软件对各样方减尘率进行了显著性差异分析，显著水平为 0.05，如图 4–7 所示，21 号和 19 号、20 号样方之间存在显著性差异，而 19 号和 20 号样方之间差异并不显著。通过对比分析其群落配置模式发现，3 个群落的叶面积指数相差不大，均在 1 ~ 2 之间，但 21 号样方比另外两个样方的植物配置种类更丰富，并应用了叶片滞尘能力较强的小叶黄杨、红花檵木等灌木，以绿篱的形式呈带状种植，能够有效截留粉尘颗粒物，而同样配置有小叶黄杨和红花檵木的 19 号样方的灌木以球形稀疏地栽植于其中，不易阻滞随道路气流飘浮而来的颗粒物，因此，样方的综合滞尘效益较弱。可见，群落样方的滞尘效益与植物的布局形式也有一定关系。

五、乔木型植物群落对 PM_{10} 的滞尘效益

实验选取了 6 个不同的乔木型群落样方，其中落叶树种样方 2 个，常绿树种样方 2 个，常绿和落叶混交样方 2 个，种植方式均为两排纯乔木列植于绿带中，植物的具体组成如表 4–1 所示，其对 PM_{10} 的减尘率如图 4–8 所示。

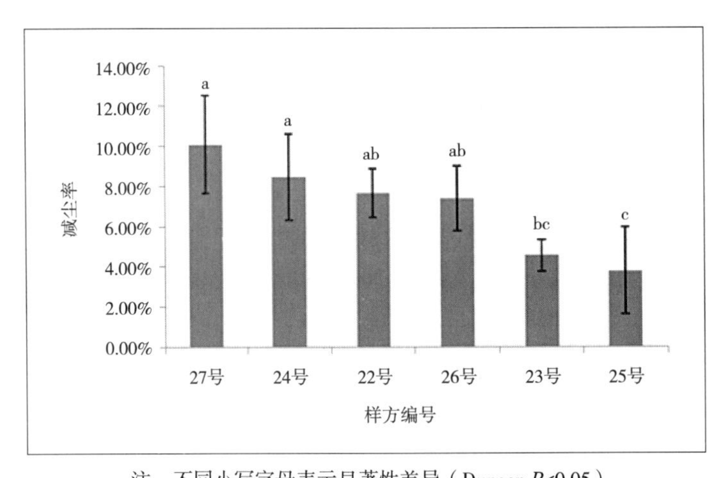

注：不同小写字母表示显著性差异（Duncan $P<0.05$）

图 4–8　乔木型植物群落对 PM_{10} 的滞尘效益

由图 4–8 可见，6 个乔木型样方对 PM_{10} 的滞尘效益强弱顺序为：27 号 >24 号 >22 号 >26 号 >23 号 >25 号。滞尘效益最强的是 27 号样方，其群落配置模式为：重阳木，减尘率为 10.08%；而滞尘效益最弱的是 25 号样方，群落配置模式为：银杏，减尘率为 3.79%。

用 SPSS 软件对各样方减尘率进行了显著性差异分析，显著水平为 0.05，如图 4–8 所示，除 23 号以外，25 号样方与其他 4 个样方存在显著性差异，同时，23 号与 22 号、24 号、27 号样方也存在显著性差异。对比分析样方群落的植物配置模式发现，减尘率最高的 27 号样方中的两排重阳木的整株叶片滞尘量较大，且种植密集，叶面积指数为 3.94，在 6 个样方中最大，因此，群落的滞尘效益最强；而只有银杏的 25 号样方为落叶乔木，群落叶面积指数为 1.02，是 6 个样方中最小的，且银杏的整株叶片滞尘量较低，因此，其群落样方的减尘率也最低。总体上，6 个样方的减尘率均较高，说明乔木型植物群落对 PM_{10} 的滞尘效果良好。

六、草地型植物群落对 PM_{10} 的滞尘效益

因道路绿带中草地型植物群落应用较少，实验中仅有 3 个不同的草地型样方，植物的具体组成如表 4–1 所示，其对 PM_{10} 的减尘率如图 4–9 所示。

如图 4–9 所示，3 个草地型样方中滞尘效益最强的是 30 号样方，其植物配置为：麦冬，其减尘率为 3.56%，细叶结缕草 + 麦冬的 29 号样方次之，而植物配置为细叶结缕草的 28 号样方的滞尘效益最弱，减尘率为 2.23%，但这 3 个样方之间的差异性并不显著（$P<0.05$）。

虽然在植物叶片的单位叶面积滞尘量研究中测定得出草本植物的滞尘量高于乔木

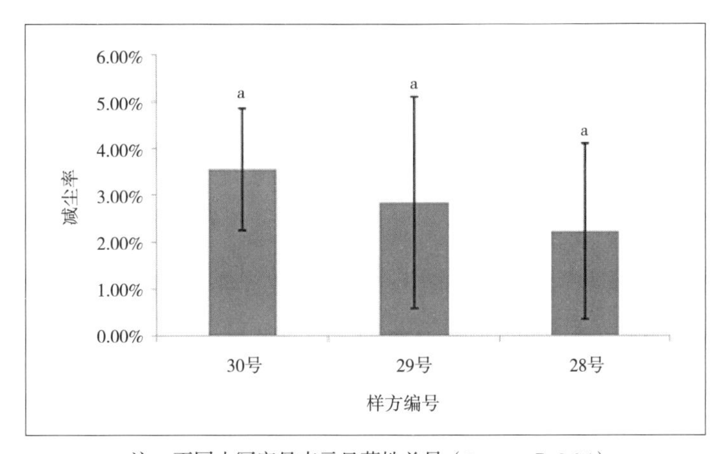

注：不同小写字母表示显著性差异（Duncan $P<0.05$）

图 4-9　草地型植物群落对 PM_{10} 的滞尘效益

和灌木，但从降低空气中粉尘浓度的角度来看，草地型样方总体上减尘率均不高，分析原因可能是草本植物高度一般不超过 10cm，仅能覆盖地面土壤，上空粉尘通过自然沉降最终都会落入草地中，所以草本植物的单位叶面积滞尘量最高，但草地型样方上层没有能够主动阻截空气中粉尘的植物，飘尘 PM_{10} 在样方空间中不易沉降，所以单一结构的草地型样方总体减尘率均较低。

七、植物群落对 PM_{10} 的滞尘效益分级评判

不同植物群落结构对 PM_{10} 的滞尘效益有所不同，分别取各群落结构平均减尘率，并对数据进行统计分析，如图 4-10 所示。

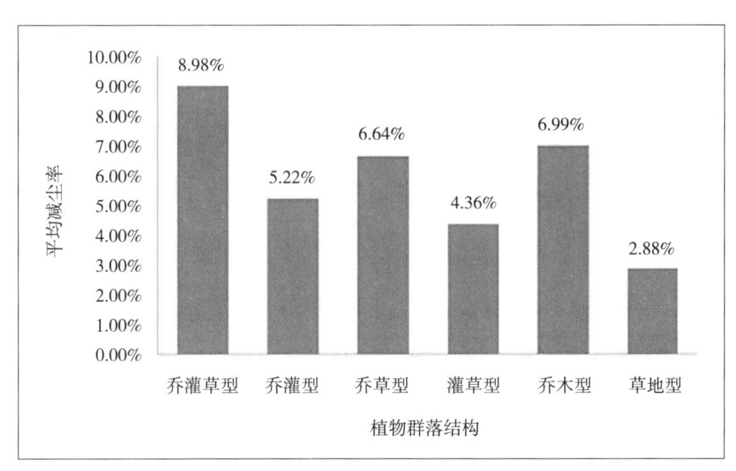

注：不同小写字母表示显著性差异（Duncan $P<0.05$）

图 4-10　不同结构植物群落对 PM_{10} 的滞尘效益

由图 4–10 可知，6 种不同结构植物群落对 PM_{10} 的滞尘效益的强弱顺序为：乔灌草型 > 乔木型 > 乔草型 > 乔灌型 > 灌草型 > 草地型。其中，结构层次最丰富的乔灌草型群落结构的滞尘效益最强，这与大部分学者的研究结论相同。但单一型的乔木型结构却比乔灌型和乔草型的复层结构滞尘效益更强，这与一般认为复层结构比单一结构群落滞尘效益强的结论相反。

引起不同结构植物群落对 PM_{10} 的滞尘效益差异的因素主要有以下三方面：第一，从单位体积内的叶面积上进行比较，乔灌草型群落的叶面积指数较高，乔灌型、乔草型和乔木型相差不大，灌草型相对较低，而草地型上部空间无植物。叶面积指数高，则单位体积内植株的叶面积总量大，而植物对粉尘的吸滞主要是由植株的叶片完成的，叶面积越大，吸滞的粉尘相对越多，所以乔灌草型、乔木型群落具有较大的减尘率，由于乔草型群落样方多为落叶乔木，因此，减尘率低于乔木型，没有乔木的灌草型、草地型群落，减尘率则最小。第二，乔灌草绿地的复层结构为再次截留粉尘提供了条件。当粉尘碰到树木枝叶时，通常滞留在枝叶表面，有可能在重力或风的作用下，弹离开或保留一段时间后返回空气中。这种二次扬尘的颗粒物在草本层吸附和灌木层阻挡的共同作用下被再次截获，因此，在乔木、灌木、草本的多层阻截作用下，群落对 PM_{10} 的滞尘效益最强。第三，根据空气动力学可知粉尘由上而下沉降，风力经过乔木型和乔草型群落通透的下层空间时，能够带走一部分上层枝叶粉尘脱落沉降的颗粒物，而乔灌型群落的下层空间不仅会阻挡空气流动，又无地被植物阻截地面扬尘，反而会因为风力将下部空间的粉尘再次扬起，从而使粉尘浓度短暂升高，所以乔木型的滞尘效益高于乔灌型。

为了使减尘率反映出的植物群落滞尘效益更加系统、直观，研究其分级滞尘效益，探求其内在相关性，以植物群落样方的减尘率为变量因子，对 30 个样方进行分层聚类分析，并根据聚类分析结果将其分为四个滞尘级别，如表 4–5 所示。

不同配置模式植物群落对 PM_{10} 滞尘效益分级 表4–5

滞尘效益分级	减尘率范围	样方数量 / 个	群落样方编号
强	12% 以上	1	2 号
较强	9% ~ 12%	3	6 号、7 号、27 号
中等	5% ~ 9%	15	1 号、3 号、4 号、9 号、12 号、13 号、14 号、15 号、16 号、17 号、18 号、21 号、22 号、24 号、26 号
较弱	2% ~ 5%	11	5 号、8 号、10 号、11 号、19 号、20 号、23 号、25 号、28 号、29 号、30 号

由表 4–5 可知，滞尘效益最强与较强的 4 个样方中，有 3 个样方为乔灌草型群落结构，结合表 4–1 所示群落配置模式可以看出，其植物种类较丰富，乔木多以常绿乔木为主，如小叶榕、天竺桂等，灌木则多为叶片滞尘能力较强的红花檵木、海桐等，如滞尘效益最强的 2 号样方，减尘率达 14.05%，属于平均减尘率最高的乔灌草型，其中乔木高大，枝叶繁茂且种类丰富，多种常绿和落叶植物搭配，灌木叶片滞尘能力突出，草本细叶密集覆盖地面。另一个滞尘效益较强的 27 号乔木型群落样方的乔木也为单株叶片滞尘量较大的重阳木。4 个样方的叶面积指数都较高，平均值达 4.3。滞尘效益中等的样方有 15 个，占样方总数的一半，其平均叶面积指数为 2.81，也属中等水平，此级别的样方属于植物配置各方面较均衡的群落，4 个乔草型样方都属于此级别。滞尘效益较弱的 11 个样方，植物配置的丰富度较低，样方植物多为落叶乔木或绿量较少，3 个草地型样方都属于此级别，而另外 8 个样方的平均叶面积指数仅为 1.69。如 5 号样方本属于平均减尘率最高的乔灌草型植物群落，但其减尘率却为 4.8%，其群落的叶面积指数仅为 0.96，样方内乔木层只有一株黄葛树和一株落叶的蓝花楹，绿量较少，而灌木层也只有日本珊瑚树一种，植物种类比较单一，所以即使其结构层次完整，仍表现出较弱的滞尘效益。综上所述，丰富的植物种类、完整的结构层次以及充沛的植物绿量能够使群落发挥更强的滞尘效益。

第四节　植物群落对 $PM_{2.5}$ 的滞尘效益解析

对 6 种群落结构的样方实验点与对照点空气中的 $PM_{2.5}$ 浓度进行测定，计算得出减尘率，比较不同群落对 $PM_{2.5}$ 的滞尘效益。

一、乔灌草型植物群落对 $PM_{2.5}$ 的滞尘效益

实验选取 7 个不同的乔灌草型群落样方，植物具体组成如表 4–1 所示，其对 $PM_{2.5}$ 的减尘率如图 4–11 所示。

7 个乔灌草型样方虽然群落结构相同，但因不同的植物种类及配置模式等，其对 $PM_{2.5}$ 的滞尘效益不同。如图 4–11 所示，7 个乔灌草型样方滞尘效益的强弱顺序为：7 号 >2 号 >3 号 >5 号 >1 号 >6 号 >4 号。其中滞尘效益最强的是 7 号样方，其群落配置模式为：天竺桂—红花檵木 + 毛叶丁香 + 贴梗海棠 + 海桐—麦冬，减尘率为 1.88%；而滞尘效益最弱的是 4 号样方，其群落配置模式为：黄葛树 + 木芙蓉—南天竹 + 小叶

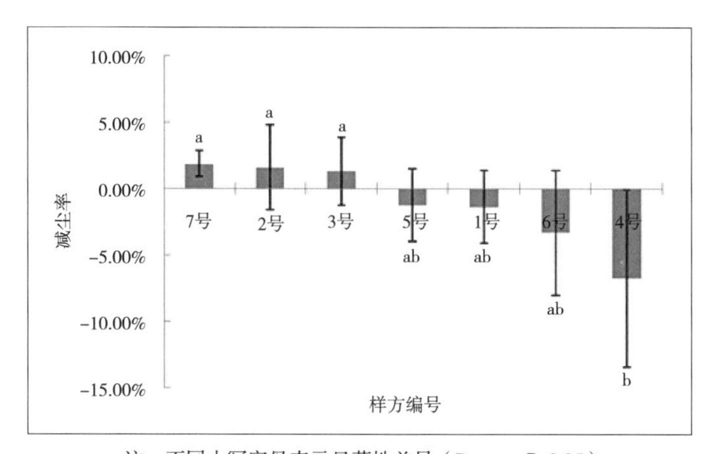

注：不同小写字母表示显著性差异（Duncan $P<0.05$）

图 4–11　乔灌草型植物群落对 $PM_{2.5}$ 的滞尘效益

黄杨 + 红花檵木 + 春鹃 + 细叶十大功劳—麦冬，减尘率为 –6.71%。

用 SPSS 软件对各样方减尘率进行了显著性差异分析，显著水平为 0.05，如图 4–11 所示，结果表明，4 号样方与 2 号、3 号、7 号样方存在显著性差异，分析样方群落配置模式可知 4 号样方叶面积指数较小，样方范围内乔木绿量少，只有一株黄葛树和几乎没有叶片的木芙蓉，而其中的灌木则在 7 个样方中种类最多且以丛状、带状等绿篱形式密集种植。

7 个样方中有 4 个样方的减尘率为负值，表明该群落样方实验点的 $PM_{2.5}$ 浓度高于对照点，其减尘效果较差。通过对比分析其群落配置模式发现，4 号和 5 号样方的乔木叶面积指数最小，乔木绿量少，而 1 号、4 号和 6 号样方的灌木以绿篱形式密集种植，可能是造成其减尘率低的原因。而减尘率为正值的 2 号、3 号、7 号样方中的乔木绿量较丰富，能够有效截留粉尘，样方中的灌木多以球形零散分布，滞留于灌木层的颗粒物不易受道路车流等低空气流影响而形成二次扬尘，因此综合滞尘效益较强。

二、乔灌型植物群落对 $PM_{2.5}$ 的滞尘效益

实验选取 7 个不同的乔灌型群落样方，植物具体组成如表 4–1 所示，其对 $PM_{2.5}$ 的减尘率如图 4–12 所示。

如图 4–12 所示，7 个乔灌型样方对 $PM_{2.5}$ 的滞尘效益强弱顺序为：9 号 >10 号 >13 号 >11 号 >14 号 >8 号 >12 号。滞尘效益最强的是 9 号样方，其群落配置模式为：桂花 + 广玉兰—春鹃，减尘率为 2.91%；而滞尘效益最弱的是 12 号样方，其群落配置模式为：加拿利海枣 + 桂花 + 重阳木—金叶假连翘 + 红花檵木 + 春鹃，减尘率为 –3.14%。

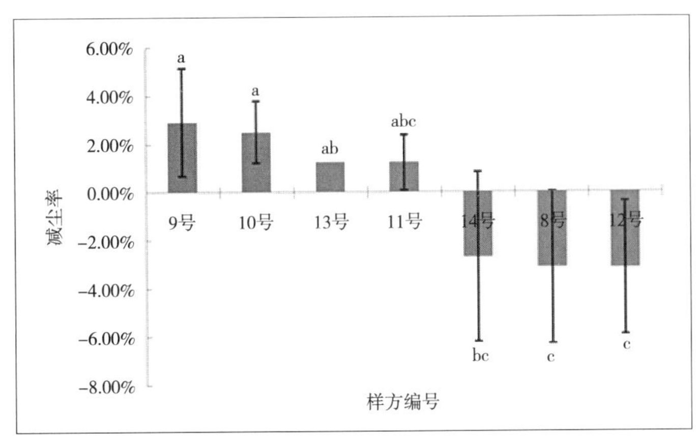

注：不同小写字母表示显著性差异（Duncan $P<0.05$）

图 4–12 乔灌型植物群落对 $PM_{2.5}$ 的滞尘效益

用SPSS软件对各样方减尘率进行了显著性差异分析，显著水平为0.05，如图4–12所示，7个样方中有4个样方的减尘率为正值，差异性并不显著，而减尘率为负值的3个样方之间的差异性也不显著。通过对比分析7个样方的群落配置模式发现，减尘率为正值的4个样方的叶面积指数均在2左右，9号和10号样方减尘率较大，其群落植物配置中含有整株叶片滞尘能力较高的黄葛树和广玉兰，而11号和13号样方的乔木绿量并不多，且灌木种植密集，但灌木种植于60cm高的花坛内使其高度增加，有效阻挡了由道路扩散而来的粉尘污染，因此，减尘效果良好；减尘率为负值的3个样方中，8号和14号样方的叶面积指数分别为1.46和1.39，且群落中的乔木多为整株叶片滞尘能力较低的银杏、天竺桂等，而减尘率最低的12号样方的叶面积指数却是7个样方中最大的，为5.24，说明植物群落的叶面积指数偏小或过大，都不适宜群落发挥植物的综合滞尘能力。同时，12号样方的人行道内侧为露天停车场，经常有车辆行驶，污染源由此飘浮而来，加重了实验点一侧的 $PM_{2.5}$ 浓度，使其减尘率为负值。

三、乔草型植物群落对 $PM_{2.5}$ 的滞尘效益

实验选取4个不同的乔草型群落样方，植物具体组成如表4–1所示，其对 $PM_{2.5}$ 的减尘率如图4–13所示。

如图4–13所示，4个乔草型样方滞尘效益的强弱顺序为：15号>18号>16号>17号。其中滞尘效益最强的是15号样方，其群落配置模式为：小叶榕+香樟+银杏+桂花—麦冬+细叶结缕草，减尘率为4.35%；而滞尘效益最弱的是17号样方，其群落配置模式为：银杏+樱花—麦冬，减尘率为–0.65%。

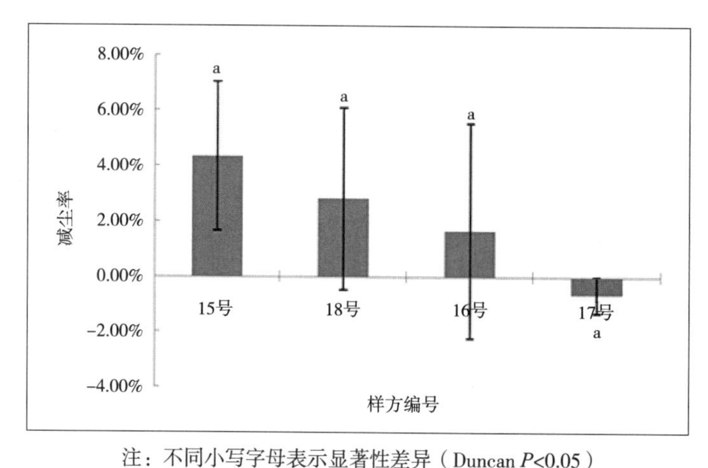

注：不同小写字母表示显著性差异（Duncan $P<0.05$）

图 4-13　乔草型植物群落对 $PM_{2.5}$ 的滞尘效益

用 SPSS 软件对各样方减尘率进行了显著性差异分析，显著水平为 0.05，如图 4-13 所示，结果表明，4 个样方之间的差异性并不显著。乔草型群落通过乔木层植物叶片阻滞空气中的粉尘，地被层的草本植物覆盖地面，防止扬尘，并能有效滞留上层空间沉降的粉尘，因此，乔草型样方的滞尘效益总体较好，只有减尘率最小的 17 号样方为负值，对比分析其配置模式发现，15 号、16 号和 18 号样方多有小叶榕、香樟、桂花等常绿的高大乔木，且叶面积指数在 2 ~ 4 之间，枝叶生长茂盛，减尘率均较高，而 17 号样方的乔木层为落叶植物银杏和樱花，实验期间正为其枯叶期，叶片大多凋落，滞尘叶片少，零星叶片上滞留的粉尘随叶片的凋落而脱落，致使其滞尘效益较弱。

四、灌草型植物群落对 $PM_{2.5}$ 的滞尘效益

因道路绿带中灌草型应用较少，实验中只有 3 个不同的灌草型群落样方，植物具体组成如表 4-1 所示，其对 $PM_{2.5}$ 的减尘率如图 4-14 所示。

如图 4-14 所示，3 个灌草型样方对 $PM_{2.5}$ 的滞尘效益强弱顺序为：19 号 >21 号 >20 号。滞尘效益最强的是 19 号样方，其群落配置模式为：海桐 + 红花檵木 + 小叶黄杨—细叶结缕草，减尘率为 2.67%；而滞尘效益最弱的是 20 号样方，群落配置模式为：红花檵木 + 天竺桂（球）+ 毛叶丁香—麦冬，减尘率为 -6.21%。

用 SPSS 软件对各样方减尘率进行了显著性差异分析，显著水平为 0.05，如图 4-14 所示，19 号和 20 号样方之间存在显著性差异。通过对比分析其群落配置模式发现，19 号样方配置的灌木在叶片滞尘能力研究中已测定出均为滞尘能力较高的小叶黄杨、红花檵木等，且均以球形稀疏地栽植于其中，样方空间疏朗，利于 $PM_{2.5}$ 的扩散，灌木

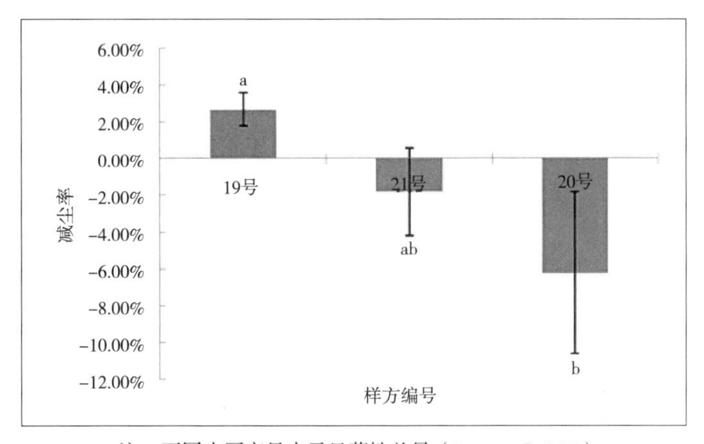

注：不同小写字母表示显著性差异（Duncan $P<0.05$）

图 4–14　灌草型植物群落对 $PM_{2.5}$ 的滞尘效益

叶片上滞留的粉尘受道路气流二次扬尘的影响也较小，因此为灌草型中唯一一个减尘率为正的样方；而 20 号样方中枝叶繁茂的天竺桂以 1.5m 高度的灌木球形式种植于红花檵木和毛叶丁香的双层绿篱中，大量滞留于灌木叶片的粉尘颗粒物受道路车流等低空气流的影响再次扬尘，使实验点的 $PM_{2.5}$ 的浓度提高，因此使其减尘率最低。

五、乔木型植物群落对 $PM_{2.5}$ 的滞尘效益

实验选取 6 个不同的乔木型群落样方，其中落叶树种样方 2 个，常绿树种样方 2 个，常绿和落叶混交样方 2 个，种植方式均为两排纯乔木列植于绿带中，植物的具体组成如表 4–1 所示，其对 $PM_{2.5}$ 的减尘率如图 4–15 所示。

如图 4–15 所示，6 个乔木型样方对 $PM_{2.5}$ 的滞尘效益强弱顺序为：24 号 >27 号

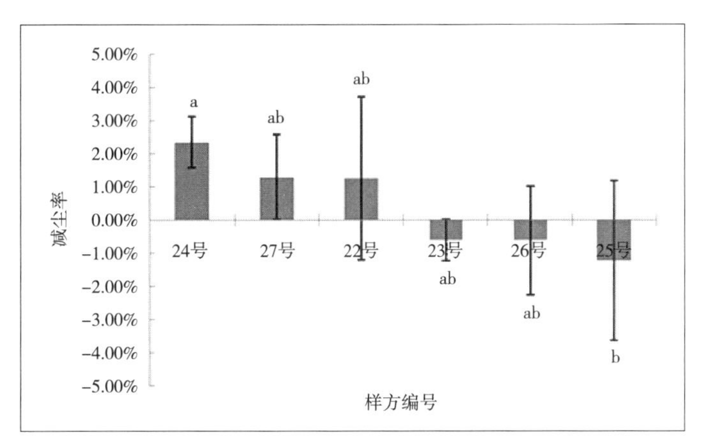

注：不同小写字母表示显著性差异（Duncan $P<0.05$）

图 4–15　乔木型植物群落对 $PM_{2.5}$ 的滞尘效益

>22 号 >23 号 >26 号 >25 号。滞尘效益最强的是 24 号样方，其群落配置模式为：小叶榕 + 重阳木，减尘率为 2.34%；而滞尘效益最弱的是 25 号样方，群落配置模式为：银杏，减尘率为 –1.23%。

用 SPSS 软件对各样方减尘率进行了显著性差异分析，显著水平为 0.05，如图 4–15 所示，24 号和 25 号样方之间存在显著性差异。24 号样方由一排小叶榕和一排重阳木列植，均为常绿乔木，在单株植物叶片滞尘量的研究中已测得小叶榕的整株叶片滞尘量最大，重阳木的整株叶片滞尘量也较大，所以 24 号样方群落的综合滞尘效益在乔木型中最强，而只有银杏的 25 号样方植物的种类单一，又为落叶乔木，且银杏的整株叶片滞尘量较低，因此其群落样方的减尘率也最低。

六、草地型植物群落对 $PM_{2.5}$ 的滞尘效益

因道路绿带中草地型群落应用较少，实验中仅有 3 个不同的草地型样方，植物的具体组成如表 4–1 所示，其对 $PM_{2.5}$ 的减尘率如图 4–16 所示。

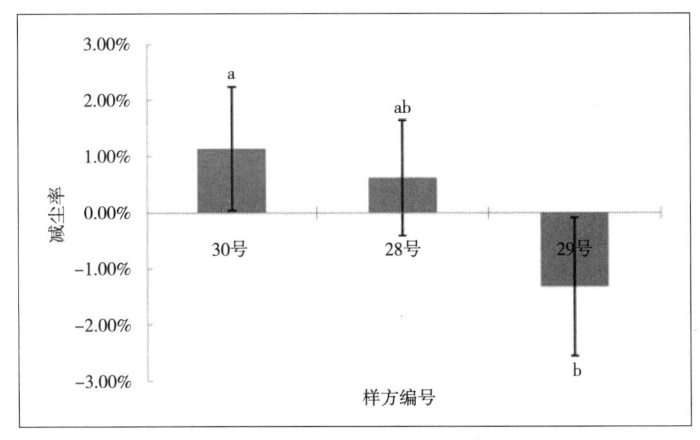

注：不同小写字母表示显著性差异（Duncan $P<0.05$）

图 4–16 草地型植物群落对 $PM_{2.5}$ 的滞尘效益

如图 4–16 所示，3 个草地型样方中，滞尘效益最强的是 30 号样方，其植物配置为麦冬，植物配置为细叶结缕草的 28 号样方的滞尘效益次之，但两个样方的减尘率差异并不大，仅相差 0.52%。3 个样方中，植物配置为细叶结缕草 + 麦冬的 29 号样方的减尘率却最低，与 30 号样方之间存在显著性差异（$P<0.05$），可能是由于此样方的人行道内侧为汽车修理店，污染源由此飘浮而来，提高了实验点一侧的 $PM_{2.5}$ 浓度，使其减尘率为负值。

从植物叶片的滞尘能力来看，细叶结缕草的单位叶面积滞尘量略高于麦冬，但细

叶结缕草的减尘率却略低于麦冬，由两种草本组成的 29 号样方减尘率反而最低，说明植物群落对 $PM_{2.5}$ 的减尘率不仅和群落的植物种类有关，群落的滞尘效益是由植物自身的滞尘能力、物种丰富度、配置种植形式、叶面积指数以及环境等多方面因素综合作用而成的。

七、植物群落对 $PM_{2.5}$ 的滞尘效益分级评判

不同植物群落结构对 $PM_{2.5}$ 的滞尘效益也有所不同，分别取各群落结构平均减尘率，并对数据进行统计分析，如图 4-17 所示。

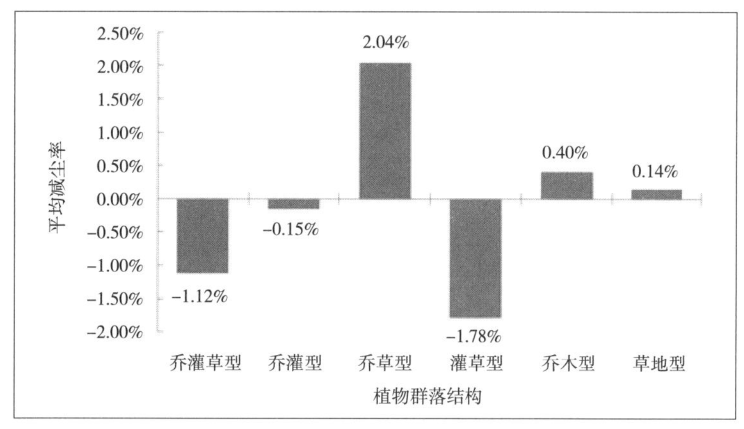

注：不同小写字母表示显著性差异（Duncan $P<0.05$）

图 4-17　不同结构植物群落对 $PM_{2.5}$ 的滞尘效益

由图 4-17 不难看出，6 种不同结构的植物群落对 $PM_{2.5}$ 的减尘率大小顺序为：乔草型 > 乔木型 > 草地型 > 乔灌型 > 乔灌草型 > 灌草型。其中乔草型、乔木型和草地型群落的平均减尘率为正值。道路环境中，大部分 $PM_{2.5}$ 污染源于汽车尾气，且行道树绿带中滞留的一部分粉尘颗粒物容易在道路人流、车流的影响下对其形成二次扬尘。由于人或汽车形成的低空污染气流对群落中下部影响较大，上层的高大乔木不易受低空气流影响，能够有效滞尘，而下层草本层能覆盖地面土壤，阻滞路面扬尘，且草本层的二次扬尘高度并不能达到 1.5m 的实验测量点高度，所以停留于群落中层灌木叶片上的粉尘随气流再次扬起时反而会增大实验点 $PM_{2.5}$ 的测量值。因此，没有灌木层的乔草型复层结构减尘率最高，单一结构的乔木型和草地型渐次，而灌草型植物群落不仅没有乔木层的滞尘作用，而且受低空污染气流影响较大，所以减尘率最低。植物群落通过阻截空气中的粉尘颗粒物使其滞留于枝叶表面，达到滞尘的效果，但植物叶面的滞尘与粉尘脱落同时存在。乔灌草型植物群落结构层次较乔灌型丰富，能够更有效地降

低环境风速，截留空气中更多的颗粒物于群落中，而草本层和灌木层阻截的粉尘越多，当其随低空气流再次扬起时也会使实验点 $PM_{2.5}$ 的测量值更大，从而降低减尘率。

为了使减尘率反映出的植物群落滞尘效益更加系统、直观，研究其分级滞尘效益，探求其内在相关性，以植物群落样方的减尘率为变量因子，对 30 个样方进行分层聚类分析，并根据聚类分析结果将其分为四个滞尘级别，如表 4–6 所示。

不同配置模式植物群落对 $PM_{2.5}$ 的滞尘效益分级　　表4–6

滞尘效益分级	减尘率范围	样方数量 / 个	群落样方编号
强	3% 以上	1	15 号
较强	0% ~ 3%	15	2 号、3 号、7 号、9 号、10 号、11 号、13 号、16 号、18 号、19 号、22 号、24 号、27 号、28 号、30 号
较弱	–4% ~ 0%	12	1 号、5 号、6 号、8 号、12 号、14 号、17 号、21 号、23 号、25 号、26 号、29 号
弱	–4% 以下	2	4 号、20 号

由表 4–6 可知，30 个样方的减尘率正负大致各半。减尘率为正的 16 个样方中，有 13 个属于含有乔木且为复层结构的群落，结合表 4–1 所示群落配置模式可以看出，绝大部分都是两种以上的不同乔木，且多以常绿为主，如小叶榕、桂花、重阳木等，如滞尘效益最强的 15 号样方，减尘率为 4.35%，属于平均减尘率最高的乔草型，其中乔木高大，枝叶繁茂且种类丰富，群落中层空间疏朗，草本植物的细叶密集地覆盖地面。减尘率为正的 8 个含有灌木层的群落样方，多以灌木球形式零散分布于群落中，如 19 号样方。灌草型植物群落本属于平均减尘率最低的类型，但其减尘率为 2.67%，此样方配置的灌木均以球形稀疏地点植于其中，受二次扬尘的影响较小，因此为灌草型中唯一一个减尘率为正的样方。

减尘率为负值的 14 个样方，结合表 4–1 所示植物配置模式发现，其中，含有乔木层的样方多以落叶乔木为主，而实验期间正为其枯叶期，叶片大多凋落。如 17 号样方本属于平均减尘率最高的乔草型植物群落，但其减尘率却为 –0.65%，实验期间，银杏和樱花几乎没有叶片滞尘，零星叶片上滞留的粉尘随叶片的凋落而脱落，因此其滞尘效益较弱。减尘率为负的样方中，灌木大多以绿篱或丛状形式密集种植，如滞尘效益最弱的 4 号和 20 号样方，减尘率为 –6.71% 和 –6.21%。4 号样方乔木叶量少，灌木层多种植物簇拥生长，20 号样方中没有可滞尘的高大乔木，枝叶繁茂的天竺桂以 1.5m 高度的灌木球形式种植于红花檵木和毛叶丁香的双层绿篱中，大量滞留于灌木叶片的粉尘颗粒物受道路车流等低空气流影响再次扬尘，使实验点的 $PM_{2.5}$ 浓度增大，因此这类植物群落滞尘效益最弱。

第五节　植物群落滞尘效益相关因素解析

一、叶面积指数对植物群落滞尘效益的影响

叶面积指数又叫叶面积系数，被定义为单位地表面积上植冠中所有叶片总表面积的一半，即 LAI，是无量纲量[116]。叶面积指数不仅能定量地反映园林植物群落的冠层结构，也是影响植物群落滞尘效益的重要指标。

通过对 27 个植物群落样方的叶面积指数的定量统计，将其分为 6 个梯度，比较每个梯度下植物群落的平均减尘率，如表 4–7 所示。结合图 4–18，可见群落对 PM_{10} 和 $PM_{2.5}$ 的减尘率均随叶面积指数梯度的上升基本呈上升趋势，在 3 ~ 4 之间时，滞尘效益均达到最大，随后，随叶面积指数的升高，对 PM_{10} 的减尘率趋于平缓，而对 $PM_{2.5}$ 的减尘率逐渐降低。这也表明叶面积指数对植物群落的减尘效果并不是越大越好，当叶面积指数达到一定数值后，其群落的减尘率反而会随着叶面积指数的增大而减小，在 $PM_{2.5}$ 减尘率的表现上尤为明显。其可能的原因有：叶面积指数较小时，群落中的树木数量少、枝叶密度小，因此对粉尘颗粒的阻挡效果较差，使得减尘率较低；当叶面积指数过高时，植物群落往往结构复杂，且植物密度较高、通风条件不好，不利于颗粒物的输送和扩散，而植物种植过密则大大提高了枝条或个体间的摩擦，导致植物群落中细颗粒物的浓度增大。植物群落滞尘效果最理想的叶面积指数为 3 ~ 4，就城市道路绿带植物群落而言，建议以这个叶面积指数梯度为标准。

植物群落叶面积指数梯度　　表4–7

叶面积指数梯度	样方个数	PM_{10} 平均减尘率	$PM_{2.5}$ 平均减尘率	平均叶面积指数
0 ~ 1	1	4.80%	–1.23%	0.96
1 ~ 2	10	5.30%	–1.73%	1.40
2 ~ 3	6	5.44%	1.18%	2.40
3 ~ 4	5	9.25%	2.48%	3.65
4 ~ 5	2	9.09%	0.26%	4.46
5 以上	3	8.73%	–1.71%	5.53

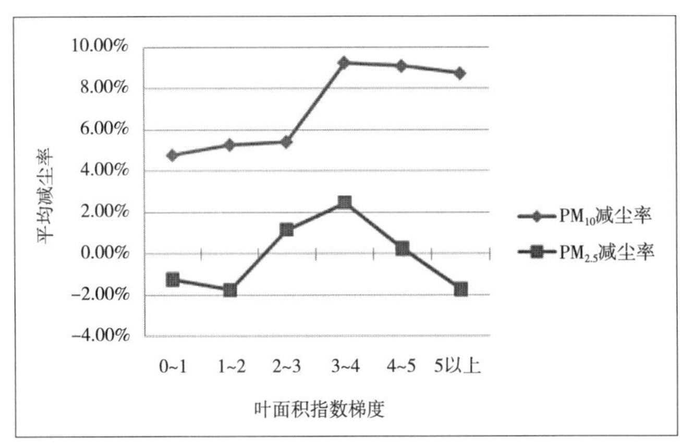

图 4-18　植物群落减尘率与叶面积指数梯度分析

二、环境因子与植物群落中 PM_{10} 和 $PM_{2.5}$ 浓度的相关性

植物生长在自然环境中，温度、湿度、风速、降水量和雾气情况等气象因子对植物个体和群落的滞尘功能都会产生较大影响。在测定每个群落样方中颗粒物浓度的同时，测定其风速、温度和湿度，统计结果如表 4-8 所示。

植物群落样方浓度及气象指标　　表4-8

群落样方编号	PM_{10} 浓度 / $mg \cdot m^{-3}$	$PM_{2.5}$ 浓度 / $mg \cdot m^{-3}$	风速 / m/s	温度 / ℃	湿度 / %RH
1 号	0.201	0.149	0.54	7.5	62.9
2 号	0.318	0.185	0.36	9.2	65.3
3 号	0.218	0.151	1.1	7.7	60.8
4 号	0.262	0.159	0.71	7.4	68
5 号	0.357	0.165	0.42	8.2	68.1
6 号	0.278	0.156	0.56	7.6	64.9
7 号	0.226	0.157	0.79	9.2	59.7
8 号	0.345	0.166	0.42	10	60.4
9 号	0.371	0.167	0.45	10.3	60.5
10 号	0.24	0.156	0.32	7.8	63.1
11 号	0.26	0.161	1	8.1	64.9
12 号	0.222	0.164	0.68	8.5	62.3
13 号	0.219	0.16	0.64	8	66.2
14 号	0.262	0.153	0.65	7.7	61.6
15 号	0.392	0.176	0.08	10.5	64.8
16 号	0.383	0.179	0.27	9.7	64.5
17 号	0.385	0.154	0.64	9.7	63.5

续表

群落样方编号	PM_{10} 浓度 / $mg \cdot m^{-3}$	$PM_{2.5}$ 浓度 / $mg \cdot m^{-3}$	风速 / m/s	温度 / ℃	湿度 / %RH
18 号	0.277	0.173	0.78	9.6	63.4
19 号	0.419	0.182	0.34	9.1	65.3
20 号	0.361	0.171	0.27	8.8	61.3
21 号	0.325	0.169	0.67	9.7	60.9
22 号	0.325	0.158	1.2	7.2	66.2
23 号	0.335	0.165	0.16	10.2	60.3
24 号	0.4	0.171	0.08	10.6	65.2
25 号	0.338	0.164	0.75	8.9	61
26 号	0.313	0.163	0.76	9.3	60.5
27 号	0.223	0.153	0.42	7.7	59.5
28 号	0.263	0.161	1.4	7.8	64.7
29 号	0.273	0.153	0.46	7.9	63.3
30 号	0.352	0.174	0.08	8.3	65.8

（一）风速

风是反映大气动力稳定性的重要特征量，是与空气污染密切相关的气象参数，它对大气污染物的稀释扩散和三维输送起着重要作用[117]。分别对 30 个样方群落中的 PM_{10} 和 $PM_{2.5}$ 浓度与风速进行相关性分析，结果显示：风速与植物群落中 PM_{10} 的相关系数（R）为 –0.495（$P<0.05$），与 $PM_{2.5}$ 的相关系数（R）为 –0.465（$P<0.05$）。可见，风速与群落中细颗粒物浓度均成负相关关系，即植物群落中的风速越大，其中的 PM_{10} 和 $PM_{2.5}$ 浓度越小。可知，风速能够有效带走群落中的粉尘，从而减小群落中的颗粒物浓度。

（二）温度

温度是衡量环境条件的重要气象参数。分别对 30 个样方群落中的 PM_{10} 和 $PM_{2.5}$ 浓度与温度进行相关性分析，结果显示，温度与植物群落中 PM_{10} 的相关系数（R）为 0.671（$P<0.05$），与 $PM_{2.5}$ 的相关系数（R）为 0.606（$P<0.05$）。由此可知，温度与群落中的细颗粒物浓度均呈现出显著的正相关关系，即植物群落中的温度越高，其中的 PM_{10} 和 $PM_{2.5}$ 浓度越大。这与鲁兴等[118]认为温度与 PM_{10} 和 $PM_{2.5}$ 呈较弱负相关关系的研究结论相反，分析原因认为，本实验指标测定均在同一天，大气温差并不大，而实验测定的 30 个样方之间的温度差异主要受道路上汽车行驶等人类活动影响，车辆行驶会造成微环境温度升高，同时造成的粉尘污染更多，因此颗粒物浓度更大。

（三）湿度

植物群落能够增大环境中的空气湿度，对滞留粉尘有一定作用。分别对湿度与 30 个样方群落中的 PM_{10} 和 $PM_{2.5}$ 浓度进行相关性分析，结果显示：湿度与植物群落中 PM_{10} 的相关系数（R）为 0.185（$P>0.05$），与 $PM_{2.5}$ 的相关系数（R）为 0.247（$P>0.05$），得出湿度与群落中细颗粒物浓度的相关性并不显著。周丽[119]也研究了 $PM_{2.5}$ 与湿度的相关关系，结果也显示湿度对 $PM_{2.5}$ 的作用是不显著的。但吴志萍[78]的研究结果为：湿度与颗粒物浓度呈正相关关系，认为湿度越高，越有利于颗粒物的积聚，使其浓度越高，同时，其研究结果中 $PM_{2.5}$ 与湿度的相关系数比 PM_{10} 大近 2 倍，说明湿度对 $PM_{2.5}$ 的影响更大。而本实验可能由于测定时间在同一天，样方之间的湿度差异不大，因此，颗粒物浓度与其相关性并不太显著。

三、植物群落中 PM_{10} 和 $PM_{2.5}$ 浓度的空间变化

在同一环境下，同一植物群落在不同垂直高度或水平宽度的粉尘颗粒物浓度也有所不同。研究同种植物群落中粉尘颗粒物浓度的空间变化，探寻群落的滞尘机理，对更好地发挥植物群落的滞尘效益有一定的参考价值。

（一）垂直空间变化

应用高空作业车对 8 个群落样方设置 10m、5m、1.5m 三个垂直高度，测量其 PM_{10} 和 $PM_{2.5}$ 浓度，植物群落配置模式如表 4–2 所示。

1. PM_{10} 浓度

从图 4–19 中不难看出，PM_{10} 浓度在道路植物群落垂直空间中的变化趋势均为 10m 处浓度最高，依次递减，在 1.5m 处浓度最低。分析认为，根据空气动力学原理，颗粒物随气流飘浮，在植物群落枝叶的阻挡下被吸收沉降。10m 高度处一般为树冠顶层，空气中携带大量细颗粒物的气流不断被枝叶拦截于此，颗粒物失去空气动力，开始逐渐沉降，但树冠顶层风速较群落内大，容易再次扬起顶层叶片上滞留的粉尘，使其飘浮于群落顶部，并且粉尘靠重力作用沉降需要时间，所以 10m 高处的 PM_{10} 浓度最大。群落中 5m 高处一般枝叶茂密，内部风速很小，几乎为零，受重力作用逐层沉降下来的粉尘能够稳定地截留于植物叶片上，因此，5m 处的 PM_{10} 浓度较 10m 处小。粉尘沉降经过群落枝叶逐层拦截，因此在 1.5m 高处浓度最低。

比较图 4–19 中 4 种群落结构的变化柱状图发现，乔灌草型的梯度变化最明显，乔木型次之，而乔灌型和乔草型 1.5m 处的 PM_{10} 浓度较 5m 处只有少量降低。对比群落的空间层次可知，乔灌草型的下层灌木对粉尘有明显的阻挡作用，草本植物则有利于

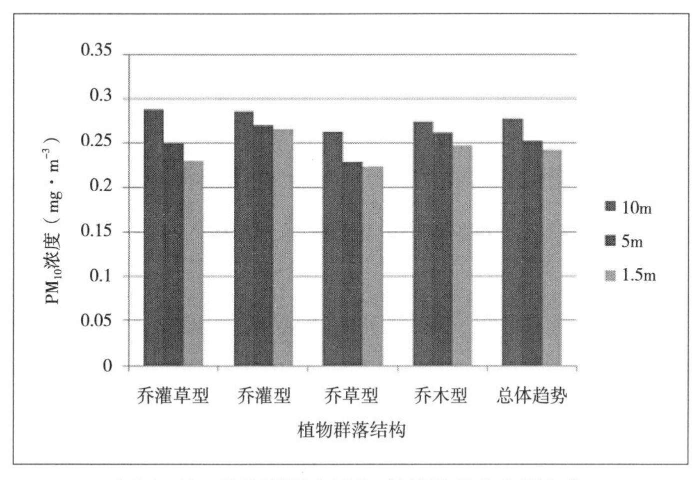

图 4-19　植物群落中 PM_{10} 浓度的垂直空间变化

防止地面粉尘的二次扬起，因此，乔灌草型的复层结构的滞尘梯度最明显。而乔灌型和乔草型的下层结构单一，枝叶较少，灌木和草本植物叶面滞留的粉尘易受风速影响引起扬尘，又没有复层结构相互阻截，因此，乔灌型和乔草型下层空间的滞尘与扬尘同时存在，所以 1.5m 处与 5m 处的 PM_{10} 浓度相差不大。但乔木型由于下层空间没有植物滞尘，且空旷的下部空间风速较大，由上部沉降下来的粉尘直接被风吹走，所以，乔木型群落中的 PM_{10} 浓度也呈现出较明显的变化梯度。

2. $PM_{2.5}$ 浓度

从图 4-20 中可以看出，道路植物群落垂直空间中的 $PM_{2.5}$ 浓度均在 10m 处最高，在树冠顶部，颗粒物尚未受到群落植物的过多滞留，因此与 PM_{10} 在 10m 处浓度最高的原理相同。然而，除乔草型呈现弱递减趋势外，其他 3 种群落结构中的 $PM_{2.5}$ 浓度却在 5m 处最低，与 PM_{10} 的变化表现相反。1.5m 处的 $PM_{2.5}$ 浓度比 5m 处高，是因为道路环境中大部分 $PM_{2.5}$ 污染源于汽车尾气，且道路绿带中滞留的一部分粉尘颗粒物容易

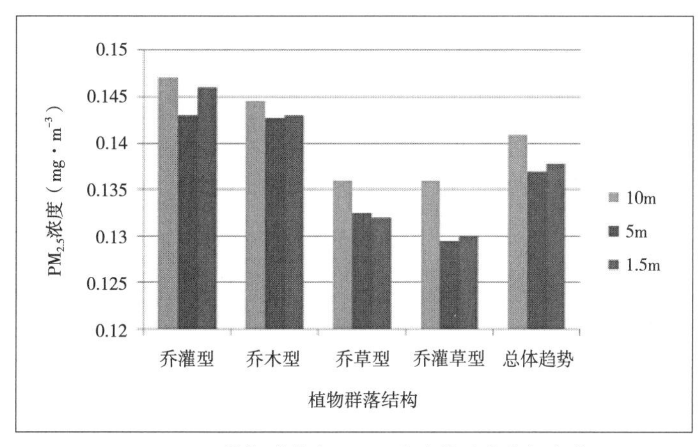

图 4-20　植物群落中 $PM_{2.5}$ 浓度的垂直空间变化

在道路人流、车流的影响下形成扬尘，低空污染气流使群落下层的污染增加，而 $PM_{2.5}$ 颗粒物质量较轻，沉降速度慢，因此，滞尘效益差于乔草型的 3 种群落类型的 $PM_{2.5}$ 浓度在 1.5m 处变大。

乔草型与总体变化趋势不同，在 1.5m 处的浓度比 5m 处低，正是由于群落无灌木层，不受叶面二次扬尘影响，而草本植物能覆盖地面土壤，阻滞路面扬尘，且草本层的二次扬尘高度并不能达到 1.5m 的实验测量点高度；乔草型群落下层结构疏朗通风，利于低空污染气流疏散，滞尘效益强，所以只有乔草型的植物群落在 1.5m 高处的 $PM_{2.5}$ 最低。

（二）水平空间变化

粉尘颗粒物的浓度随尘源水平距离的变化而变化，选取余松路一段宽度为 27m 的乔灌草型行道树绿带，以车行道与绿带交汇边缘为起点（0m），在水平距离上每隔 3m 对颗粒物浓度进行一次测量，植物群落配置如表 4–3 所示。

1. PM_{10} 浓度

如图 4–21 所示，从道路边缘 0m 处开始，随着绿带水平空间的延伸，植物群落中 PM_{10} 的浓度随道路绿带宽度增大而降低。虽然绿带宽度越大，其滞尘效果越好，但在实践中，道路绿带宽度往往受道路用地红线等多种因素的限制，为了既不浪费道路土地，又使绿带植物群落有良好的滞尘效果，通过分段比较变化曲线中 PM_{10} 浓度相对于绿带宽度的减少值。计算得出：0 ~ 3m 的减少值为 0.002mg · m^{-1}；3 ~ 6m 的减少值为 0.004 mg · m^{-1}；6 ~ 12m 的减少值为 0.001mg · m^{-1}；12 ~ 18m 的减少值为 0.002mg · m^{-1}；18 ~ 27m 的减少值为 0.001mg · m^{-1}。由此可见，当绿带宽度在 3 ~ 6m 时，PM_{10} 浓度的减少值最大，滞尘效果最为突出，建议道路绿带宽度可设为 6m。

2. $PM_{2.5}$ 浓度

如图 4–22 所示，道路边缘 0m 处为尘源位置，$PM_{2.5}$ 浓度最高，随着绿带水平空间

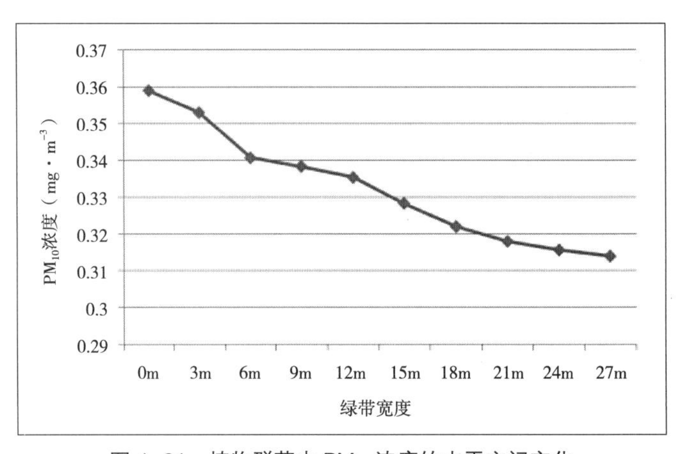

图 4–21 植物群落中 PM_{10} 浓度的水平空间变化

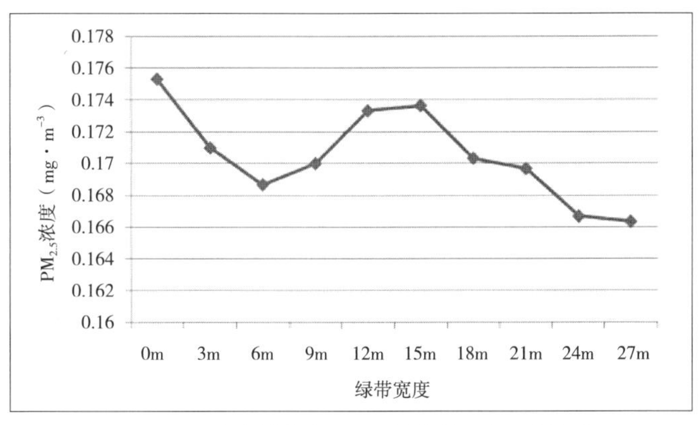

图 4-22　植物群落中 $PM_{2.5}$ 浓度的水平空间变化

的延伸，经过植物的滞尘作用，到 6m 处浓度明显降低，但却在 6m 后逐渐上升，并在 15m 处达到群落中 $PM_{2.5}$ 浓度的最大值，可能是由于 15m 处正好处于群落水平中心位置，植物密集、林内阴湿、通风较差，在道路污染颗粒物不断输入的情况下，聚集悬浮于群落中间，又不易扩散，反而导致群落空间内部颗粒物浓度居高不下[120]。而 15m 之后的空间距离尘源越来越远，且细颗粒物被滞固在群落中间不再扩散，同时植物群落也在不断吸滞颗粒物，所以水平距离越远，$PM_{2.5}$ 浓度越低。由此可见，大面积的植物群落能将外界颗粒物滞留于群落中间，使之不再扩散，说明 27m 宽度的道路绿带中的植物群落能够有效吸收 $PM_{2.5}$ 细颗粒物，从而达到降低外界环境中 $PM_{2.5}$ 浓度的效果。但根据道路实际条件，结合 $PM_{2.5}$ 的浓度变化特征，6m 不失为道路绿带的一个既高滞尘又经济的参考宽度。

四、植物群落中 PM_{10} 和 $PM_{2.5}$ 浓度的日变化

植物滞尘是一个复杂的动态过程，本实验测定了一天中 6 个时间点的 8 个植物群落样方中的颗粒物浓度，探析植物群落滞尘与时间的变化关系，具体植物群落配置如表 4-4 所示。

1. PM_{10} 浓度

由图 4-23 可以看出，5 种群落结构中 PM_{10} 浓度的日变化趋势大体一致，基本上呈“U”形变化，即早晚高、白天低。9 点到 13 点这个时间段，PM_{10} 浓度随着时间的推移而递减，均在 11 点至 13 点达到最小值，这是因为早上 9 点左右为上班高峰期，人流、车流量较大，造成的道路扬尘污染较重，因此，这时的 PM_{10} 浓度较高，同时，植物群落在不断发挥滞尘作用，因此，PM_{10} 的浓度在车流高峰期之后有所降低。但随时间的推移，人类日间活动造成的粉尘颗粒物不断增加、聚集，在 13 点到 19 点这个

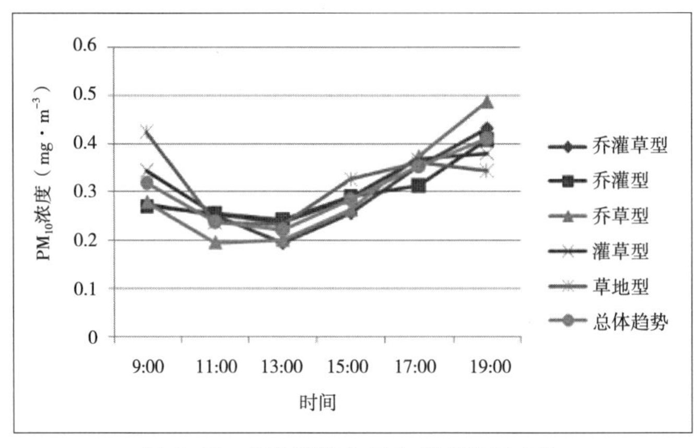

图 4-23　植物群落中 PM_{10} 浓度的日变化

时段，乔灌草型、乔灌型和乔草型群落的粉尘颗粒物含量急剧上升，在 19 点达到最大值。在观测时发现，17 点以后，雾气开始慢慢形成，这三种群落结构复杂，叶面积指数较高，群落中雾气较重，容易裹覆粉尘颗粒物使其聚集在群落中，不易扩散，导致 PM_{10} 的浓度急剧升高。而灌草型和草地型由于群落结构简单，叶面积指数小，不易聚集空气中的悬浮颗粒物，所以虽然 13 点到 17 点的 PM_{10} 浓度一直在升高，但 17 点到 19 点的上升趋势并不明显，草地型群落因其开阔的空间利于颗粒物扩散，还呈现下降趋势。

2. $PM_{2.5}$ 浓度

从图 4-24 中可以看出，除乔灌型外，其他植物群落中 $PM_{2.5}$ 浓度的总体变化基本一致，呈 M 形曲线变化。分析认为，城市道路环境中大气污染源大部分在日间排放，夜间污染源较少，植物群落经过一夜的滞尘作用，均能有效降低 $PM_{2.5}$ 浓度，但早上 9 点后，施工作业、车流等的污染逐渐形成 $PM_{2.5}$，但植物群落同时也在滞尘，所以 $PM_{2.5}$

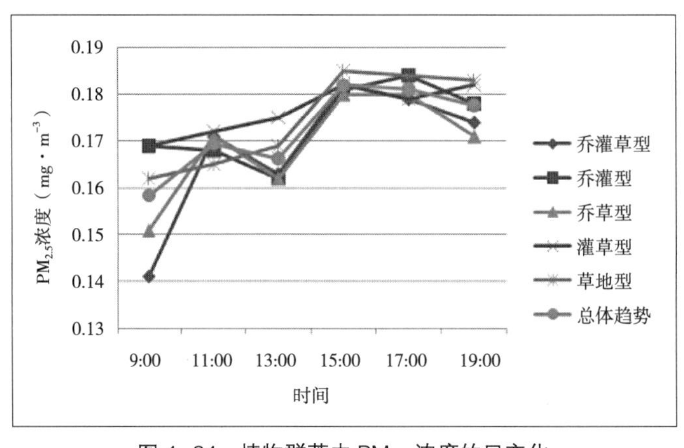

图 4-24　植物群落中 $PM_{2.5}$ 浓度的日变化

浓度呈曲折上升趋势，直到 15 点达到最大值，随着时间的推移，污染源逐渐减少，植物的滞尘作用使群落中的 $PM_{2.5}$ 浓度缓慢降低，周而复始。综上推测，当植物群落的滞尘速度大于 $PM_{2.5}$ 污染颗粒物的聚集速度时，就能降低 $PM_{2.5}$ 的浓度，反之，$PM_{2.5}$ 浓度则会随污染程度的加重而升高。

五、不同绿带植物群落滞尘效益的变化

本实验选择道路横截面上同时拥有中间分车绿带、行道树绿带、路侧绿带且绿带中植物群落配置模式相近的金开大道一段，对每个绿带的植物群落样方减尘率进行测定，如表 4–9 所示。

不同绿带植物群落滞尘效益　　表4–9

样方位置	植物群落配置模式	PM_{10} 减尘率	$PM_{2.5}$ 减尘率
中间分车绿带	广玉兰—红花檵木 + 小叶黄杨 + 毛叶丁香—麦冬	8.92%	1.02%
行道树绿带	天竺桂—红花檵木 + 毛叶丁香 + 贴梗海棠 + 海桐—麦冬	9.96%	1.88%
路测绿带	桢楠—金叶假连翘 + 日本珊瑚 + 毛叶丁香—麦冬	4.35%	–0.43%

如表 4–9 所示，同处一条道路上的植物群落在不同绿带中的滞尘效益强弱顺序为：行道树绿带 > 中间分车绿带 > 路侧绿带。根据空气动力学原理，行道树绿带与中间分车绿带距离尘源较近，但中间分车绿带受两侧上下车流污染源影响，气流运动速度较快，反而使中间分车绿带的尘源量较少，所以其滞尘效益低于行道树绿带，而路侧绿带因为距离道路尘源较远，经过行道树绿带的滞尘后，路侧绿带的尘源量更少，此间风速又较低，颗粒物容易聚集于此而不易扩散，因此，位于其中的植物群落的减尘率最低。

CITY SCAVENGER

第五章

基于 AHP 的道路绿带滞尘功能评价理论

城市园林植物的功能定量评价着眼于城市的绿地系统规划，以提高城市绿地的生态功能，改善整体环境质量。本章的目的是根据前篇实验结果的分析，选取适宜道路绿带滞尘功能的评价因子，从植物个体、植物群落和绿带模式 3 个层面，利用层次分析法定性与定量地对 10 条道路样地绿带的滞尘功能进行评价，从而全面、真实地反映样地绿带滞尘功能的综合水平。在实践上，可根据评价指标，针对性地改造低滞尘的道路绿带植物配置，促进城市道路滞尘绿地的设计与建设。

第一节　层次分析法（AHP）

一、层次分析法的概念

层次分析法（Analytic Hierarchy Process），简称 AHP，是将需解决的问题看成一个系统，分析与决策有关的元素，并根据隶属关系分解成目标层、准则层、方案层等层次，在此层次模型的基础之上进行定性和定量分析的决策方法。在较少的定量信息的基础上，对复杂的决策问题的本质、影响因素及其内在关系等进行深入分析，数学化决策的思维过程，以便最终指导多目标、多准则或无结构特性的复杂决策问题的决策。AHP 多用于定性与定量因素相结合的问题，即适用于目标值难以定量描述的决策问题，同时又具有分层交错评价指标的目标系统。

本书基于层次分析法构建道路绿带滞尘功能评价模型，对城市主干道路绿带滞尘功能进行综合评价论述。

二、层次分析法的特点

（一）系统性

层次分析法是将尚需解决的问题看成一个系统，对这一特定系统的各个组成因素及其之间的相互关系等问题进行研究，在此基础上进行综合评价，得出结论。在道路绿带滞尘功能评价中，道路绿带的滞尘功能是一个系统，对其所需评价的内容进行分层、分类，从个体植物种类到整体植物群落，以比较、判断、综合的思维模式进行分析。对于城市道路绿带的滞尘功能而言，其特征内容较为松散，不成体系，用层次分析法可以最大程度上避免此问题。

（二）灵活性

采用层次分析法决策，其决策过程可反映决策者对问题的认知，由于方法灵活多变，决策过程清晰明了，计算过程简便容易，现已被广泛地应用于社会各类系统的决策分析之中。在大多数情况下，决策者对层次分析法的利用都提高了其决策的有效性。

（三）实用性

层次分析法可以同时进行定性和定量分析，在道路绿带滞尘功能评价中能够将评价因子分为定性与定量两类，并将两类因子有机整合。将道路绿带滞尘功能评价的准则层分为定性指标和定量指标，其定量指标的加入减少了滞尘功能评价中的主观因素，使得层次分析法在道路绿带滞尘功能评价中更具科学实用性。

第二节　层次分析法与道路绿带滞尘功能评价的耦合性

一、层次分析法的原理

AHP 多用于定性与定量因素相结合的问题，既适用于目标值难以定量描述的决策问题，同时又具有分层交错评价指标的目标系统。它将定性和定量指标统一在一个模型中，既可以进行定量分析，又可以进行定性的功能评价 [121]。这种方法是根据问题的性质和要达到的总目标，将复杂问题按支配关系分组而形成有序递阶层次结构中的不同因素，通过两个不同但却相关的因素相互比较的方式确定层次结构中各因素的相对重要性，计算权重，然后综合比较判断的结果以确定各个因素相对重要性的总顺序。其中最关键的问题是如何得到影响因素的权值和各候选方案在每个影响因素下的权值 [122]。最终，根据综合权重按最大权重原则确定最优方案，进而得到方案或目标相对重要性的定量化描述。

层次分析法的基本分析思路是先将尚需解决的问题作为分析对象按照一定的隶属关系进行相应的目标分解，然后将各组成因素按不同层次聚集组合，形成一个多层次分析结构的模型，最终应用到问题的分析上来，即层次分析法的思路是先分解再综合。层次分析法的原理基本包括三个步骤，分别是：①建立总的层次结构模型；②指标权重的确定；③得出问题的解决方案。其中第二步包括根据评定尺度建立判断矩阵，权重值的确定及检验。

本书运用层次分析法对城市道路绿带滞尘功能进行定量评价，按照层次分析法的整体思路建立评价模型和完成评价程序，分别为：第一步，评价结构模型的建立；第二步，评价指标权重值的确立；第三步，道路绿带滞尘功能定量评价方程的建立。

二、层次分析法的应用

层次分析法主要是从评价者对评价问题的本质、要素的理解出发，比一般的定量方法更讲求定性的分析与判断。而这种思想能解决许多用传统优化技术无法着手的实际问题。

首先，道路绿带滞尘功能的体现是作为滞尘主体的植物对于道路粉尘污染的自我调节和改善的反应，它是植物影响空气环境质量的一个具象体现。而层次分析法最大的特点就是可以将具象的体现转化为对应的权重值进行计算，以此要素来对整体的目标对象进行评价。本书需要对道路绿带滞尘功能定量评价进行研究，充分利用了层次分析法可将评价要素权重化的特点。

其次，本书采用层次分析法对城市道路绿带滞尘功能进行评价，应用生态学、植物学、环境科学等学科的基本原理，从影响道路绿带滞尘功能的因子中选择合适的指标建立一个客观、合理的指标体系。根据实验数据，科学地建立城市道路绿带滞尘功能的 AHP 评价模型。

层次分析法评价体系分为目标层、准则层、因子层，结合综合指数法对各项指标进行重要性判断并使定量数据标准化、定性数据数量化，同时，以层次分析法求得评价指标权重，分析指标特征，根据其指标指数分别对其进行分级，有针对性地从定量、定性的角度研究城市道路绿带滞尘功能的综合评价。

CITY SCAVENGER

第六章

城市道路绿带滞尘功能评价体系——以重庆市为例

第一节　评价基础

一、评价对象

本书论述、调查的城市道路，包括重庆市渝北区的新南路、星光大道、金开大道、余松路及江北区的盘溪路等 10 条城市主干道，如表 6–1 所示，选择第三章和第四章实验的 25 种植物个体、30 个植物群落样方以及 3 种不同的绿带进行本项评价工作。随机选择植物个体及群落样方，不特定选取较优秀或者较差的样本，使其能够全面地体现道路绿带滞尘功能的整体水平，因此，选取的植物及群落样方具有普遍意义。此处评价为滞尘功能评价，以实验测量数据为依据进行评分，评价所选植物个体见表 3–1，评价所选植物群落样方见表 4–1。

道路样地详细概况　　表6–1

区域位置	道路名称	道路断面形式	绿化概况	污染程度	道路绿带结构模式图
渝北区	人和大道	二板三带式	以小叶榕、银杏等为主，多采用乔灌草型群落结构	重度	
	余松路	二板三带式	以桂花、天竺桂等为主，多采用灌草型、乔草型、乔灌型及乔灌草型群落结构	重度	
	黄山大道	二板三带式	以重阳木、银杏、红花檵木等为主，多采用乔木型、乔灌型或乔灌草型群落结构	重度	
	新南路	二板三带式	以桂花、银杏、海桐等为主，多采用乔灌草型、乔灌型、灌草型或草坪型群落结构	重度	
	金开大道	二板三带式	以小叶榕、银杏、天竺桂等为主，多采用乔灌草型或乔木型群落结构	重度	

续表

区域位置	道路名称	道路断面形式	绿化概况	污染程度	道路绿带结构模式图
渝北区	星光大道	二板三带式	以黄葛树、木芙蓉、麦冬等为主，多采用乔灌草型群落结构	重度	
	龙山路	二板三带式	以小叶榕、银杏、黄葛树等为主，多采用乔木型群落结构	重度	
江北区	盘溪路	二板三带式	以广玉兰、羊蹄甲、红花檵木等为主，多采用乔灌型、灌草型群落结构	重度	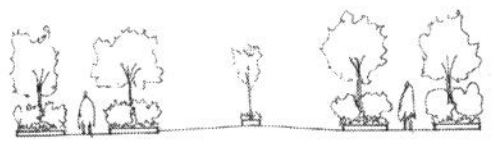
北碚区	龙溪路	一板二带式	以黄葛树、小叶榕、重阳木等为主，多采用乔灌草型、乔木型或乔灌型群落结构	重度	
	天生路	一板二带式	以小叶榕、银杏、广玉兰为主，多采用乔木型或乔灌型群落结构	重度	

注：污染程度根据道路区域当天空气质量指数（AQI）划分。

二、评价指标

（一）选择评价指标的原则

评价指标的确定是道路绿带滞尘功能评价的基础，一定程度上决定着评价结果的合理有效性。评价指标体系建立的原则是具有指导性的，对建立合理的评价指标体系、构建科学的评价模型具有指导作用。

1. 系统性

评价指标体系的设计必须建立在科学的基础上，才能保证评价的正确性和客观性，提升可信度，才能如实地反映城市道路绿带滞尘功能的综合情况。评价指标应与评价目标保持一致。由于构建城市道路绿带滞尘功能评价体系，要真实全面地反映植物滞尘的状况，必须系统考虑绿带滞尘的多方面因素，因此，系统性要求根据研究城市道路绿带滞尘系统的结构，由微观到宏观、由个体到群落、由抽象到具体，做到层次分明，结构合理，这样才能形成科学、系统、完整的评价体系。

2. 针对性

针对性要求所选指标能充分反映道路绿带滞尘所体现的植物滞尘各方面的综合水平。由于影响植物滞尘的因子较多，指标体系应当既注重全面反映系统的总体特征，又要避免指标之间的相互重叠，组成有机整体。同时，在实验和评价的过程中，应当针对道路绿带的建设现状和发展趋势，有选择性地选取能够有效、全面反映道路绿带滞尘的代表性指标。

3. 动态性

园林植物自身的生长特点导致植物滞尘具有动态化发展的特点，要想建立的指标体系具备普遍适用性，就必须选取能够普遍适用于植物生长变化的评价指标。因此而建立的评价模型是动态的，具有随植物滞尘的实际发展而变化的应变能力。

4. 可操作性

可操作性原则要求所构建的道路绿带滞尘功能评价指标易于掌握，清晰明了，评价方法可行性强。本书对道路绿带滞尘功能评价进行研究的目的旨在建立一套综合评价指标体系以用于实际的评价工作，因此，在选取评价指标时，要选择资料或数据易于获得的指标。

（二）评价指标选取

根据决策目标构成要素的不同属性，可将模型分为目标层、准则层、因子层三个层次。目标层即决策分析的总目标，只有一个因素；准则层是实现总目标所要实现的各个子目标，可以分为若干层因素，包括各种策略、约束等；因子层则为实现各决策目标的方案、措施等。

根据以上评价指标选取原则，参考实验研究结果分析认为，由不同的植物个体组合成植物群落，通过不同绿带的组合模式形成完整的道路绿带，因此，选定城市主干道路绿带滞尘功能评价的准则层为植物个体、植物群落、绿带模式。其中，植物个体滞尘能力的实验结果显示，单位叶面积滞尘量和单株叶面积总量直接影响植物个体的滞尘能力大小，植物的载叶期长短和生长型影响植物个体滞尘的时间长短，而叶面粗糙度、绒毛、黏度决定了植物叶片附滞粉尘的能力，植物的不同类型则影响着植物个体接受尘源量的多少以及滞留粉尘的稳定程度。由植物群落滞尘效益的实验结果可知，植物群落对 PM_{10} 和 $PM_{2.5}$ 的减尘率是直接衡量植物群落滞尘效益大小的指标，同时，植物群落的叶面积指数与结构层次对植物群落滞尘效益具有极其重要的影响。不同绿带植物个体和植物群落滞尘功能的实验结果显示，同种植物个体或植物群落在不同绿带中的单位叶面积滞尘量或是对 PM_{10} 和 $PM_{2.5}$ 的减尘率均不同。综上分析，根据已有相关研究资料、标准规范，并听取专家意见，选取评价指标，建立城市主干道路绿带滞尘功能评价指标体系，如表 6–2 所示。

城市主干道路绿带滞尘功能评价指标体系　表6–2

目标层（A）	准则层（B）	因子层（C）
城市主干道路绿带滞尘功能评价 A	植物个体 B1	单位叶面积滞尘量 C11
		单株叶面积总量 C12
		植物载叶期长短 C13
		植物生长型 C14
		叶面粗糙度 C15
		叶面绒毛 C16
		叶面黏度 C17
		植物类型 C18
	植物群落 B2	植物群落叶面积指数 C21
		植物群落 PM_{10} 减尘率 C22
		植物群落 $PM_{2.5}$ 减尘率 C23
		植物群落结构 C24
	绿带模式 B3	绿带植物单位叶面积滞尘量 C31
		绿带群落 PM_{10} 减尘率 C32
		绿带群落 $PM_{2.5}$ 减尘率 C33

第二节　评价过程

一、权重的确定

指标权重是指各个指标在整体中的价值的高低、所占比例的大小量化值，反映了指标在评价过程中的重要程度，是一种主观评价和客观反映的综合量度，并且在很大程度上决定了评价结果是否科学、合理 [123]。

（一）构建判断矩阵

判断矩阵元素值反映了人们对各因素的相对重要性的认识，将各元素与上一层各元素的相对重要程度用数值量化，构成判断矩阵。研究表明，在构建矩阵时，一般较常采用 1 ~ 9 及其倒数的标度方法。矩阵判断标度及含义见表 6–3。

判断矩阵标度及其含义　　表 6-3

定义描述	重要性标度
两个元素相比，同样重要	1
两个元素相比，前者比后者稍重要	3
两个元素相比，前者比后者明显重要	5
两个元素相比，前者比后者强烈重要	7
两个元素相比，前者比后者极端重要	9
两个元素相比，前者比后者稍不重要	1/3
两个元素相比，前者比后者明显不重要	1/5
两个元素相比，前者比后者强烈不重要	1/7
两个元素相比，前者比后者极端不重要	1/9

注：2、4、6、8 分别表示 1 ~ 9 之间的中间值，1/2、1/4、1/6、1/8 分别表示 1 ~ 1/9 之间的中间值。

（二）层次单排序及一致性检验

层次单排序法即为用算术平均法计算判断矩阵 A 的最大特征根 λ_{max}，找出它所对应的特征向量 W，W 可通过解特征根 $AW=\lambda_{max}W$ 得到，λ_{max} 是矩阵 A 的特征根，λ_{max} 存在且唯一。经归一化后即为同一层次各因素相对于上一层次某因素的相对重要性的排序权值，即计算单排序权重；然后用 $CR=CI/RI$ 进行一致性检验。这里的计算方法采用方根法，其计算步骤如下：

1. 特征根和特征向量的计算

1）A 的每一行元素相乘

$$M_{ij}=\prod_{j=1}^{n} b_{ij}\ (i,\ j=1,\ 2,\ 3,\ \cdots,\ n) \tag{6-1}$$

2）所得乘积分别开 n 次方

$$M_i=\sqrt[n]{M_{ij}} \tag{6-2}$$

3）将方根向量正规化，即得特征向量 W 的第 i 个分量

$$W_i=\frac{M_i}{\sum_{i=1}^{n} M_i} \tag{6-3}$$

4）计算判断矩阵最大特征根 λ_{max}

$$\lambda_{max}=\frac{1}{n}\sum_{i=1}^{n}\frac{(AW)_i}{W_i} \tag{6-4}$$

2. 判断矩阵一致性检验

由于植物特征复杂性的存在，我们在作判断时往往会比较主观、片面，但在实际情况中构建的矩阵并不是完全一致的，因此允许存在一定程度的不一致，要求大体一

致即可。为保证层次单排序的准确性，使判断矩阵的最大特征值与其维数相差越小越好，具体检验步骤：

1）计算一致性指标 CI:

$$CI=\frac{\lambda_{max}-n}{n-1} \tag{6-5}$$

λ_{max} 是判断矩阵的最大特征值，n 为矩阵的阶数。理论上，若判断矩阵完全一致，则 $CI=0$；CI 越大，则判断矩阵的一致性越差。

2）查表可得 1 ~ 9 阶矩阵的平均随机一致性指标 RI，且 RI 只与矩阵阶数 n 有关，随机一致性比例 CR 的计算。

$$CR=\frac{CI}{CR} \tag{6-6}$$

1 ~ 9 阶矩阵的平均随机一致性指标 RI 见表 6–4。

判断矩阵平均随机一致性指标 **表6–4**

n	1	2	3	4	5	6	7	8	9
RI	0	0	0.58	0.90	1.12	1.24	1.32	1.41	1.45

由表 6–4 可以看出，当 $n\leqslant 2$ 时，矩阵完全一致；当 $n>2$ 时，矩阵具有随机一致性比例 CR。当 $CR<0.10$ 时，矩阵具有较好的一致性，也就是说矩阵的不一致性在可接受范围内；当 $CR>0.10$ 时，判断矩阵的一致性指标不在接受范围内，需要重新调整判断矩阵，直到其一致性指标处于可接受的范围内。

（三）评价指标权重

综合分析实验数据、咨询专家意见、查阅相关文献后，根据表 6–3 所示的标度方法对属性间的相对重要性等级进行量化，即对表 6–2 建立的评价指标体系的每一层各因素的重要程度进行两两比较判断并用数值 1 ~ 9 表示，将数值写成矩阵形式即为判断矩阵，并计算最大特征根和特征向量，得出各评价指标的权重，同时对矩阵作一致性检验，如表 6–5 ~ 表 6–8 所示。

判断矩阵A–B 及一致性检验 **表6–5**

A	B1	B2	B3	W
B1	1	1/2	3	0.3325
B2	2	1	3	0.5278
B3	1/3	1/3	1	0.1397

$\lambda_{max}=3.0536$ $CI=0.0268$ $RI=0.58$ $CR=0.0462<0.10$

判断矩阵B1–C 及一致性检验 表6–6

B1	C11	C12	C13	C14	C15	C16	C17	C18	*W*
C11	1	2	3	3	3	3	3	3	0.2674
C12	1/2	1	3	3	3	3	3	3	0.2248
C13	1/3	1/3	1	2	2	2	2	1	0.1156
C14	1/3	1/3	1/2	1	2	2	2	1	0.0972
C15	1/3	1/3	1/2	1/2	1	1	1	1/2	0.0630
C16	1/3	1/3	1/2	1/2	1	1	1	1/2	0.0630
C17	1/3	1/3	1/2	1/2	1	1	1	1/2	0.0630
C18	1/3	1/3	1	1	2	2	2	1	0.1060

λ_{max}=8.2280 *CI*=0.0326 *RI*=1.41 *CR*=0.0231<0.10

判断矩阵B2–C 及一致性检验 表6–7

B2	C21	C22	C23	C24	*W*
C21	1	1/3	1/3	1/2	0.1089
C22	3	1	1	2	0.3512
C23	3	1	1	2	0.3512
C24	2	1/2	1/2	1	0.1887

λ_{max}=4.0104 *CI*=0.0035 *RI*=0.9 *CR*=0.0038<0.10

判断矩阵B3–C 及一致性检验 表6–8

B3	C31	C32	C33	*W*
C31	1	1/2	1/2	0.2000
C32	2	1	1	0.4000
C33	2	1	1	0.4000

λ_{max}=3 *CI*=0 *RI*=0.58 *CR*=0<0.10

（四）层次总排序及一致性检验

层次总排序是在层次单排序的基础上，利用求得的权重乘以相应准则层的权重，得到城市主干道路绿带滞尘功能评价的各个因子的权重值，并进行一致性检验，当*CR*<0.10 时，认为层次总排序是满足一致性要求的，反之则需重新调整判断矩阵的元素取值。

权重值大小反映了各个评价因子的重要程度。从表 6–9 中可以看出，A–B 层植物群落的权重值最高，因为通过道路植物的滞尘作用，最终目的是要降低道路环境粉尘颗粒物含量，而植物群落由各种植物个体组成，不同的植物种类配置影响植物群落的综合滞尘效益，因此，植物个体的权重值次之，而道路绿带的组合模式则是各种植物群落种植于道路中的载体，使同样的植物个体、群落在不同绿带模式中发挥不同的滞尘效益。

城市主干道路绿带滞尘功能评价指标总序　　表6-9

目标层	A 层权重	准则层	B 层权重	因子层	层内权重	C 层权重
城市主干道路绿带滞尘功能评价 A	1	植物个体 B1	0.3325	单位叶面积滞尘量 C11	0.2674	0.0889
				单株叶面积总量 C12	0.2248	0.0747
				植物在叶期长短 C13	0.1156	0.0384
				植物生长型 C14	0.0972	0.0323
				叶面粗糙度 C15	0.0630	0.0209
				叶面绒毛 C16	0.0630	0.0209
				叶面黏度 C17	0.0630	0.0209
				植物类型 C18	0.1060	0.0352
		植物群落 B2	0.5278	植物群落叶面积指数 C21	0.1089	0.0575
				植物群落 PM_{10} 减尘率 C22	0.3512	0.1854
				植物群落 $PM_{2.5}$ 减尘率 C23	0.3512	0.1854
				植物群落结构 C24	0.1887	0.0996
		绿带模式 B3	0.1397	绿带植物单位叶面积滞尘量 C31	0.2000	0.0279
				绿带群落 PM_{10} 减尘率 C32	0.4000	0.0559
				绿带群落 $PM_{2.5}$ 减尘率 C33	0.4000	0.0559

植物个体 B1–C 的各个具体评价因子中，权重值较高的是单位叶面积滞尘量 C11 和单株叶面积总量 C12，因为这两项直接通过数据就可以反映出单株植物叶片的滞尘能力，单株植物滞尘就是单位叶面积的滞尘量和整株植物的叶面积总量相乘，它展示的是整株植物的滞尘总量。其次是植物载叶期长短 C13、植物生长型 C14 和植物类型 C18，这是由于植物作为一个生命体，它是存在着生长和衰亡的，只有当植物处于成熟、健康的状态下，植物叶片生长茂盛，植物的滞尘能力才能完整地展现出来，而根据实验研究发现，乔木、灌木、草本植物因在道路中的生长高度等不同，呈现出的滞尘能力也不同。叶面粗糙度 C15、叶面绒毛 C16、叶面黏度 C17 的权重值相对较低，这是因为从植物本身而言，不同的叶面特征展现的是附滞粉尘的能力，决定着粉尘在叶面滞留时间的长短和堆积的多少，但只有当植物生长良好、枝繁叶茂时，叶面特征属性的重要性才得以显现出来，如若叶片都不存在，叶面特征属性再好也不能发挥功效。

植物群落 B2–C 的各个具体评价因子中，植物群落减尘率 C22 和 C23 的权重值较大，植物群落结构 C24 次之，而群落叶面积指数 C21 的权重值较小。由此可见，植物群落最重要的作用就是降低空气中的粉尘颗粒物浓度，净化空气，因此，减尘率的权重值最大。而在实验研究中发现，植物群落的结构层次直接影响群落的减尘率大小，是一个关键性因素，因此，植物群落结构的权重值也较大，其次是群落的叶面积指数也会对群落滞尘产生一定影响，所以其权重值较群落结构小。

不同绿带类型在道路中发挥着不同的功能，根据实验结果得知，因尘源距离等因素使得相同的植株或相似的植物群落在同一条道路的不同绿带中的滞尘效果并不相同。在绿带模式 B3–C 的各个具体评价因子中，植物群落减尘率 C32 和 C33 的权重值最大，植物个体的单位叶面积滞尘量次之。根据实验数据，对不同道路绿带类型进行定量评价，从而对不同的道路绿带组合模式进行分级评分。

二、评价模型构建

将选取的植物个体评价的定性指标，按照植物自身生理特性，同时参照植物叶片结构特征，结合相关资料进行分类打分。评价分为较好、一般、较差三个等级，采用 3 分制，分别赋予分值：较好为 3 分、一般为 2 分、较差为 1 分。

将选取的群落样方指标，按照植物群落自身结构特点及测量数据合理划分范围，利用同单株相似的方法，分出三个不同等级，采用 3 分制，分别赋予分值。

将道路中间分车绿带、行道树绿带、路侧绿带按实验测量数据进行分级，不同道路绿带组合模式采用 7 分制进行赋值。

本书采用实验测量数据和打分制相结合的方式描述道路绿带滞尘功能的各项指标优劣程度，最终评价模型如表 6–10 所示。

城市主干道路绿带滞尘功能评价模型　表6–10

目标层	准则层	因子层	权重	评分
城市主干道路绿带滞尘功能评价 A	植物个体 B1（0.3325）	单位叶面积滞尘量 C11	0.0889	根据实验结果所得
		单株叶面积总量 C12	0.0747	根据实验结果所得
		植物载叶期长短 C13	0.0384	长：3；中：2；短：1
		植物生长型 C14	0.0323	常绿：2；落叶：1
		叶面粗糙度 C15	0.0209	粗糙：3；中等：2；光滑：1
		叶面绒毛 C16	0.0209	多：3；少：2；无：1
		叶面黏度 C17	0.0209	多：3；少：2；无：1
		植物类型 C18	0.0352	草本：3；灌木：2；乔木：1

续表

目标层	准则层	因子层	权重	评分
城市主干道路绿带滞尘功能评价 A	植物群落 B2（0.5278）	植物群落叶面积指数 C21	0.0575	根据实验结果所得
		植物群落 PM_{10} 减尘率 C22	0.1854	根据实验结果所得
		植物群落 $PM_{2.5}$ 减尘率 C23	0.1854	根据实验结果所得
		植物群落结构 C24	0.0996	乔草型、乔木型：3；乔灌型、乔灌草型：2；草地型、灌草型：1
	绿带模式 B3（0.1397）	绿带植物单位叶面积滞尘量 C31	0.0279	根据实验结果所得
		绿带群落 PM_{10} 减尘率 C32	0.0559	根据实验结果所得
		绿带群落 $PM_{2.5}$ 减尘率 C33	0.0559	根据实验结果所得

表 6-10 中植物类型 C18 分值的确定，根据实验结果，在单位叶面积滞尘量的水平上：草本 > 灌木 > 乔木；植物群落结构 C24 分值的确定是根据不同植物群落结构对 PM_{10} 和 $PM_{2.5}$ 的减尘率分别进行数据标准化后各乘 0.5 权重值而得的综合排序：乔草型 > 乔木型 > 乔灌型 > 乔灌草型 > 草地型 > 灌草型，将其分为三个等级进行评分。建立指标体系的目的是对道路绿带滞尘功能进行评价。

三、综合评判计算

为了标准化各因子层数据，本书采用综合指数法进行计算，具体过程如下：

（一）数据标准化

对原始数据采用下列公式进行标准化计算：

$$X'_{ij}=\frac{X_{ij}}{X_{j(\max)}} \tag{6-7}$$

式中：X'_{ij} 为某指标要素相对应评价因子的标准化数据；X_{ij} 为某指标要素相对应评价因子的实验测量数据；$X_{j(\max)}$ 为某指标要素在所有评价因子中的最大值。

（二）综合指数计算

根据标准化后的数据（X'_{ij}）和评价权重 W_i，按照下列公式求得综合评价指数 Y：

$$Y=\sum X'_{ij}\times W_i \tag{6-8}$$

式中，Y 为某指标要素的综合评价指数；X'_{ij} 为某指标要素相对应评价因子的标准化数据；W_i 为某评价因子在各指标下的权重值。

（三）道路等级划分

最后确定道路绿带滞尘功能的等级，以 Y 作为分级的依据，利用百分比分级法把滞尘功能等级划分为Ⅰ级，Ⅱ级，Ⅲ级，Ⅳ级，见表 6-11。

滞尘功能等级表　　表6–11

道路绿带滞尘功能等级	Ⅰ	Ⅱ	Ⅲ	Ⅳ
$Y \times 100\%$	100% ~ 80%	80% ~ 60%	60% ~ 40%	< 40%

第三节　重庆市主城区道路绿带滞尘功能评价

由于单位叶面积滞尘量、单株叶面积总量、植物群落减尘率、群落叶面积指数等可用测得的具体数值代入计算，而其余指标均为定性指标，分析前根据数据标准化公式进行分级数量化，利用综合指数法对评价数据进行计算得到各样本滞尘功能评价评分表，如表 6–12 ~ 表 6–15 所示。

一、植物个体滞尘能力评价

根据供试单株植物各评价指标分值对其综合滞尘能力进行评价，如表 6–12 所示，并以各测定植物滞尘综合指数为变量因子，对植物个体的综合滞尘能力进行聚类分析，将植物个体的综合滞尘能力分为三级。

植物个体综合滞尘能力评价　　表6–12

植物名称	单位叶面积滞尘量 / $g \cdot m^{-2} \cdot d^{-1}$	单株叶面积总量 /m^2	植物载叶期长短	植物生长型	叶面粗糙度	叶面绒毛	叶面黏度	植物类型	综合指数
香樟	0.065	66.27	3	2	1	1	1	1	0.1277
桢楠	0.079	36.10	3	2	2	2	1	1	0.1341
加杨	0.031	103.40	2	1	2	2	1	1	0.1207
桂花	0.055	68.53	3	2	2	1	1	1	0.1345
重阳木	0.033	216.05	3	2	1	1	1	1	0.1685
天竺桂	0.047	63.75	3	2	1	1	1	1	0.1256
羊蹄甲	0.012	113.04	3	2	2	1	1	1	0.1439
银杏	0.144	25.64	2	1	3	1	1	1	0.1073
木芙蓉	0.060	37.76	1	1	2	3	1	1	0.0982
黄葛树	0.055	203.34	3	1	2	1	2	1	0.1643
广玉兰	0.292	36.98	3	2	3	2	3	1	0.1724
小叶榕	0.058	258.38	3	2	1	1	2	1	0.1897
黄花槐	0.101	1.02	2	1	2	2	1	2	0.1085
细叶十大功劳	0.043	1.51	3	2	2	1	1	2	0.1259

续表

植物名称	单位叶面积滞尘量 / $g \cdot m^{-2} \cdot d^{-1}$	单株叶面积总量 /m^2	植物载叶期长短	植物生长型	叶面粗糙度	叶面绒毛	叶面黏度	植物类型	综合指数
毛叶丁香	0.147	1.09	2	1	2	3	1	2	0.1192
小叶黄杨	1.103	0.71	3	2	2	2	1	2	0.2181
夏鹃	0.290	0.78	3	2	2	2	1	2	0.1526
春鹃	0.130	1.02	3	2	2	3	1	2	0.1467
金叶假连翘	0.858	1.11	3	2	2	1	1	2	0.1915
海桐	0.482	0.98	3	2	1	1	2	2	0.1612
红花檵木	0.688	0.84	3	2	3	3	1	2	0.1986
细叶结缕草	0.970	1	3	2	2	2	1	3	0.2192
麦冬	0.781	1	3	2	2	1	1	3	0.1970
韭莲	0.661	1	3	2	2	1	1	3	0.1873
葱莲	0.412	1	3	2	1	1	1	3	0.1603

第一级：综合滞尘能力较强的植物，共 7 种，分别为小叶榕、红花檵木、金叶假连翘、小叶黄杨、韭莲、麦冬、细叶结缕草。

第二级：综合滞尘能力中等的植物，共 8 种，分别为羊蹄甲、广玉兰、黄葛树、重阳木、海桐、春鹃、夏鹃、葱莲。

第三级：综合滞尘能力较弱的植物，共 10 种，分别为天竺桂、香樟、桂花、桢楠、加杨、银杏、木芙蓉、黄花槐、毛叶丁香、细叶十大功劳。

植物个体滞尘能力不仅仅是以滞尘量单方面来衡量，此分级结合植物个体与滞尘相关的各个因素，包括植物载叶期、叶面特征、生长类型等影响植物个体滞尘能力的因子，更能全面反映植物个体的综合滞尘能力。

对各级进行赋值，即第一级 3 分，第二级 2 分，第三级 1 分；若道路中含两类及两类以上植物，则取其平均值。

二、植物群落滞尘效益评价

根据供试植物群落样方各评价指标分值对其综合滞尘效益进行评价，如表 6-13 所示，并以 30 个植物群落样方的综合指数为变量因子，对植物群落的滞尘效益进行聚类分析，将其分为三级。

第一级：综合滞尘效益较强的植物群落，共 11 个，分别为 2 号、3 号、7 号、9 号、10 号、15 号、16 号、18 号、22 号、24 号、27 号。

第二级：综合滞尘效益中等的植物群落，共 17 个，分别是 1 号、5 号、6 号、8 号、11 号、12 号、13 号、14 号、17 号、19 号、21 号、23 号、25 号、26 号、28 号、29 号、30 号。

第三级：综合滞尘效益较弱的植物群落，共 2 个，分别为 4 号、20 号。

由植物群落滞尘效益的实验结果分析可知，植物群落的滞尘效益不仅仅是以某方面的减尘率来衡量，此分级结合各个相关因素，包括植物群落对 PM_{10}、$PM_{2.5}$ 的减尘率及群落叶面积指数、群落结构等 4 个影响因子对植物群落进行评价，以期反映植物群落的综合滞尘效益。

对各级进行赋值，即第一级 3 分，第二级 2 分，第三级 1 分。若道路中含两类及两类以上植物群落，则取其平均值。

植物群落滞尘效益评价 表6–13

样方编号	植物群落叶面积指数	PM_{10} 减尘率	$PM_{2.5}$ 减尘率	植物群落结构	综合指数
1 号	4.03	8.22%	–1.36%	2	0.1560
2 号	3.14	14.05%	1.60%	2	0.3505
3 号	5.92	7.63%	1.31%	2	0.2804
4 号	1.41	6.76%	–6.71%	2	–0.1167
5 号	0.96	4.80%	–1.23%	2	0.0866
6 号	5.21	11.46%	–3.31%	2	0.1272
7 号	4.89	9.96%	1.88%	2	0.3255
8 号	1.46	3.90%	–3.11%	2	–0.0005
9 号	2.33	6.55%	2.91%	2	0.2995
10 号	2.45	4.38%	2.50%	2	0.2545
11 号	2.1	2.26%	1.23%	2	0.1690
12 号	5.24	7.11%	–3.14%	2	0.0773
13 号	1.94	5.60%	1.23%	2	0.2116
14 号	1.39	6.76%	–2.68%	2	0.0549
15 号	3.41	6.00%	4.35%	3	0.3973
16 号	2.19	7.49%	1.65%	3	0.2900
17 号	1.06	5.41%	–0.65%	3	0.1536
18 号	3.88	7.67%	2.81%	3	0.3583

续表

样方编号	植物群落叶面积指数	PM_{10} 减尘率	$PM_{2.5}$ 减尘率	植物群落结构	综合指数
19 号	1.86	3.01%	2.67%	1	0.2048
20 号	1.21	3.48%	-6.21%	1	-0.1738
21 号	1.19	6.61%	-1.81%	1	0.0548
22 号	1.44	7.67%	1.25%	3	0.2681
23 号	2.42	4.56%	-0.61%	3	0.1573
24 号	3.87	8.47%	2.34%	3	0.3487
25 号	1.02	3.79%	-1.23%	3	0.1071
26 号	2.89	7.40%	-0.62%	3	0.1989
27 号	3.94	10.08%	1.29%	3	0.3259
28 号	1	2.23%	0.62%	1	0.0988
29 号	1	2.85%	-1.32%	1	0.0243
30 号	1	3.56%	1.14%	1	0.1385

三、道路绿带滞尘功能综合评价

（一）绿带模式评价

根据不同道路绿带各评价指标分值对其综合滞尘功能进行评价，如表 6-14 所示，分析各道路绿带的综合指数，对 7 种道路绿带模式分别进行赋值：只有路侧绿带，1 分；只有中间分车绿带，2 分；只有行道树绿带，3 分；含有路侧绿带和中间分车绿带，4 分；含有行道树绿带和路侧绿带，5 分；含有行道树绿带和中间分车绿带，6 分；含有行道树绿带、路侧绿带以及中间分车绿带，7 分。

不同绿带滞尘功能评价　　表6-14

绿带模式	绿带植物单位叶面积滞尘量 / $g \cdot m^{-2} \cdot d^{-1}$	绿带群落 PM_{10} 减尘率	绿带群落 $PM_{2.5}$ 减尘率	综合指数
中间分车绿带	0.562	8.92%	1.02%	0.1080
行道树绿带	0.568	9.96%	1.88%	0.1397
路侧绿带	0.522	4.35%	-0.43%	0.0373

（二）道路绿带综合评价

根据表 6–12 ~ 表 6–14 所示各因子的综合评价指数，计算出各道路样本的评价等级，见表 6–15。

城市主干道路绿带滞尘功能综合评价　　表6–15

样地名称	植物个体	植物群落	绿带模式	综合评价指数	等级
人和大道	2.5	2	6	74.87%	Ⅱ
余松路	2	2.5	7	80.12%	Ⅰ
黄山大道	2	2.7	7	83.05%	Ⅰ
星光大道	2.1	1	7	55.31%	Ⅲ
龙溪路	2.3	2.7	3	78.76%	Ⅱ
金开大道	2.1	2.3	7	78.57%	Ⅱ
盘溪路	2.1	2	6	70.91%	Ⅱ
新南路	2	2	6	69.33%	Ⅱ
龙山路	2	2	6	69.33%	Ⅱ
天生路	1.5	3	3	75.39%	Ⅱ

由表 6–15 所示综合计算结果不难看出，10 条道路绿带的滞尘功能综合评判中，Ⅰ级样地 2 个，Ⅱ级样地 7 个，Ⅲ级样地 1 个，无Ⅳ级样地。其中，余松路和黄山大道为Ⅰ级，人和大道、龙溪路、金开大道、盘溪路、新南路、龙山路、天生路都属于Ⅱ级，只有星光大道属于Ⅲ级。

余松路和黄山大道的滞尘功能综合评价指数最高，分析发现，其各个准则层分值均衡且较高，说明这两条道路绿带不仅应用的植物个体的综合滞尘能力较强，而且植物群落的综合滞尘效益也较高，同时，其绿带模式最完善，具有行道树绿带、中间分车绿带以及路侧绿带，使整条道路发挥了较好的滞尘功能，因此，这两条道路绿带的滞尘功能等级最高，可以作为其他道路滞尘绿带设计及建设的参考。星光大道绿带植物配置丰富，绿化景观效果较好，但滞尘功能的综合评价指数仅 55.31%，分析原因认为，在道路绿带滞尘功能的综合评价中，权重占比最大的是植物群落的综合滞尘效益，而星光大道的群落样方因对 $PM_{2.5}$ 的滞尘效益最低，使其分数仅为 1，在 10 条道路中最低，因此星光大道的绿带滞尘功能综合评价指数最低。综合评价指数最高的黄山大道也是因为其道路绿带植物群落样方的综合滞尘效益等级较高，分值为 2.7，植物个体和绿带模式两个因子的评分也不低，因此其绿带的滞尘功能的综合评价指数最高。

在评价模型的准则层中，植物群落的权重值最大，是因为道路绿带的滞尘作用主要是为了降低空气中的粉尘颗粒物含量，从而改善环境空气质量，因此，道路样地中植物群落样方的综合滞尘效益是评价道路绿带滞尘功能的关键因子，其次是道路绿带中组成植物群落的各种植物个体的滞尘能力，最后，因为植物在不同的道路绿带中发挥的作用不同，因此道路绿带的组合模式也是评价道路绿带滞尘功能的影响因子之一。

综上所述，本次评价从城市道路规划建设的三个方面（植物个体、植物群落、绿带模式）进行了研究，对 10 条城市主干道路绿带的滞尘功能进行综合评价，在建设道路绿地时应优先选择滞尘功能综合指数较高的植物，并按滞尘效益综合指数较高的植物群落模式进行优化配置，以此建设高滞尘的城市道路绿地系统。

CITY SCAVENGER

第七章

总结与展望

第一节 道路绿带植物个体滞尘能力总结

一、植物个体滞尘能力差异

根据实验所得不同植物的单位叶面积滞尘量，进而得到植物单位叶面积滞尘能力以及单株叶片滞尘能力的大小。

从植物单位叶面积滞尘量来看，不同类型的植物单位叶面积滞尘能力的强弱顺序是：草本 > 灌木 > 乔木。其中，乔木类植物的单位叶面积滞尘能力大小为：广玉兰 > 银杏 > 桢楠 > 香樟 > 木芙蓉 > 小叶榕 > 桂花 > 黄葛树 > 天竺桂 > 重阳木 > 加杨 > 羊蹄甲；灌木类植物的单位叶面积滞尘能力强弱顺序为：小叶黄杨 > 金叶假连翘 > 红花檵木 > 海桐 > 夏鹃 > 毛叶丁香 > 春鹃 > 黄花槐 > 细叶十大功劳；草本类植物的单位叶面积滞尘能力强弱顺序为：细叶结缕草 > 麦冬 > 韭莲 > 葱莲。草本植物不仅自身可以接受来源不同的各种粉尘，还可以紧固地表灰尘，避免二次扬尘，尤其是生长茂盛的草地，其对粉尘的特殊滞留作用是乔木与灌木不可比拟的。由于灌木较乔木类植物更接近地面，所以灌木类植物会更直接地接受来自机动车排放的尾气污染和二次扬尘，因此部分灌木类植物比乔木类植物的单位叶面积滞尘能力更强。

25 种植物单位叶面积滞尘能力分为四级：第一级，单位叶面积滞尘量在 $0.9g \cdot m^{-2} \cdot d^{-1}$ 以上，滞尘能力强的植物共 2 种，分别为小叶黄杨、细叶结缕草；第二级，单位叶面积滞尘量在 $0.6 \sim 0.9g \cdot m^{-2} \cdot d^{-1}$ 之间，滞尘能力较强的植物共 4 种，分别为金叶假连翘、红花檵木、麦冬、韭莲；第三级，单位叶面积滞尘量在 $0.2 \sim 0.6\ g \cdot m^{-2} \cdot d^{-1}$ 之间，滞尘能力中等的植物共 4 种，分别为广玉兰、夏鹃、海桐、葱莲；第四级，单位叶面积滞尘量在 $0.2g \cdot m^{-2} \cdot d^{-1}$ 以下，滞尘能力较弱的植物共 15 种，分别为银杏、香樟、桢楠、加杨、桂花、重阳木、天竺桂、羊蹄甲、木芙蓉、黄葛树、小叶榕、毛叶丁香、春鹃、黄花槐、细叶十大功劳。

不同植物个体单位叶面积滞尘量的显著性差异（$P<0.05$）：乔木类植物中，不仅广玉兰、银杏与其他植物的单位叶面积滞尘量存在显著性差异，桢楠和羊蹄甲之间也存在显著性差异；灌木类植物的滞尘能力则呈现梯级差异；虽然草本植物之间滞尘量相差并不大，但葱莲与其他三种草本植物仍然存在显著性差异，而细叶结缕草与韭莲之间也存在显著性差异。

从植物单株叶片滞尘总量来看，乔木类植物单株叶片滞尘能力强弱顺序为：小叶

榕 > 黄葛树 > 广玉兰 > 重阳木 > 香樟 > 桂花 > 银杏 > 加杨 > 天竺桂 > 桢楠 > 木芙蓉 > 羊蹄甲；灌木类植物单株叶片滞尘能力强弱顺序为：金叶假连翘 > 小叶黄杨 > 红花檵木 > 海桐 > 夏鹃 > 毛叶丁香 > 春鹃 > 黄花槐 > 细叶十大功劳。乔木中，广玉兰的单位叶面积滞尘量最大，但是其单株植物的总滞尘量却不是最大的，而小叶榕的单株叶片滞尘总量则为最大，灌木类植物也有同样的现象。这说明植物单株叶片滞尘能力与单位叶面积滞尘量、冠幅以及叶面积指数有关。

二、植物个体滞尘能力存在差异的原因

植物个体滞尘能力的大小与很多因素有关，通过实验结果观察分析，影响道路绿带植物个体滞尘的因素主要有植物生长特征与植物所处外界环境两方面，即内因和外因。

影响植物个体滞尘能力的内部因素包括树冠的大小、枝叶的疏密程度、植物高度、载叶期长短、叶片的粗糙程度、纤毛密度、叶片着生角度、叶片的湿润性、叶面积的大小等。就单一因素来分析：植物树冠大且茂密，相对来说就有更大的叶表面积，就容易滞留更多的粉尘；一般叶片宽大、平展、硬挺，枝条粗壮的植株不易受风力而抖动，因此更易滞尘；植物叶片越粗糙多皱、纤毛密度越大、越有黏液油脂分泌，越容易阻滞、吸附、黏着空气中的粉尘，而叶面光滑的植物滞尘能力弱；有些植物的单位叶面积滞尘量虽不高，但树冠高大，枝叶茂密，总叶面积很大，所以全树滞尘能力就十分显著。

影响植物个体滞尘能力大小的外界因素包括环境气象因子、粉尘污染程度、尘源距离以及尘源方向等。当植物受到大风、降雨等外界因素影响时，滞尘量变化较明显，风力和雨水都会减少植物叶片的滞尘量；粉尘污染越严重，则植物叶片滞留的粉尘越多，而植物距离尘源越近，其滞尘量也越大；粉尘根据空气动力学原理飘散，也是影响植物叶片滞尘能力的又一原因。

三、植物单位叶面积滞尘量的变化特征

在时间变化上，植物个体在一个无大风和雨水的滞尘周期内的累积单位叶面积滞尘量基本呈逐渐上升的趋势，推测植物叶片在理想状态下的滞尘量是随着时间的推移而增加的，但是由于植物自身的因素，比如有限的叶面积，致使滞留的粉尘总量有限，当达到最大值时，植物叶片滞尘量将不再增加，直至下一次大雨来临，将叶面滞留的

粉尘洗净，植物叶片开始重新滞尘，但现实中不可能实现连续数天无外界因素干扰的现象，因此很难测得植物滞尘的最大值，这有待进一步研究；而植物个体在一天内的单位叶面积滞尘量也并不是随着时间的推移而呈线性增加的，而是呈折线变化，说明植物叶片的滞尘与粉尘脱落是同时存在的。

在空间变化上，9 种植物叶片在不同垂直部位的滞尘量大小顺序均为：低部 > 中部 > 高部；而在不同水平部位的单位叶面积滞尘量则是来车方向和近车道部位较大，去车方向和远车道部位相对较小。

同种植物在不同道路绿带中的滞尘能力大小顺序为：行道树绿带 > 中间分车绿带 > 路侧绿带。植物个体单位叶面积滞尘量的这些变化特征都是由植物所处外界环境不同而造成的。

第二节　道路绿带植物群落滞尘效益总结

（1）不同结构植物群落的滞尘效益有所不同，6 种植物群落结构对 PM_{10} 的滞尘效益的强弱顺序为：乔灌草型 > 乔木型 > 乔草型 > 乔灌型 > 灌草型 > 草地型；对 $PM_{2.5}$ 的减尘率大小顺序为：乔草型 > 乔木型 > 草地型 > 乔灌型 > 乔灌草型 > 灌草型。

（2）植物群落滞尘效益的聚类分析，对于 PM_{10}，按减尘率的大小将 30 个植物群落样方分为 4 个级别（强，较强，中等，较弱），并得出结论：含有乔木（以常绿乔木为主），具有复层结构且叶面积指数较大的群落滞尘效益强，只有乔木，没有复层结构或复层结构单一的群落滞尘效益中等，没有乔木或有乔木但叶面积指数较小的群落滞尘效益较弱；对于 $PM_{2.5}$，按减尘率的大小将 30 个植物群落样方分为 4 个级别（强，较强，中等，较弱），并得出结论：含有多种常绿乔木且具有草本植物的群落滞尘效益强，只有乔木，没有复层结构或没有乔木的群落滞尘效益中等，而处于枯叶期的落叶乔木和密集的灌木则很有可能降低群落滞尘效益。

（3）6 个叶面积指数梯度下，植物群落的减尘率呈现出了一定的规律，植物群落减尘率随着叶面积指数的增大而逐渐变大，到梯度 3 ~ 4 的减尘率达到最大值，随后减小，说明叶面积指数对植物群落的减尘效果并不是越大越好，尤其是过大的绿量会降低植物群落对 $PM_{2.5}$ 的滞尘效益。

（4）环境因子与植物群落中粉尘颗粒物浓度的相关性研究表明，风速与植物群落中的粉尘颗粒物浓度呈负相关，即植物群落中的风速越大，其中的 PM_{10} 和 $PM_{2.5}$ 浓度越小；温度与群落中细颗粒物浓度均呈现出了显著的正相关关系，即植物群落中的温度越高，其中的颗粒物浓度越大；而湿度与群落中细颗粒物浓度的相关性并不显著。本实验可能由于测定时间在同一天内，样方之间的温湿度差异并不大，因此有待在不同气候条件下对环境因子与植物群落中颗粒物浓度的相关性进行进一步探究。

（5）植物群落中粉尘颗粒物浓度的空间变化研究表明：在垂直空间上，PM_{10} 浓度的变化趋势为 10m>5m>1.5m，$PM_{2.5}$ 浓度的总体变化趋势为 10m>1.5m>5m，只有乔草型的 $PM_{2.5}$ 浓度变化趋势与 PM_{10} 相同；在水平空间上，从道路边缘 0m 处开始，随着绿带在水平空间的延伸，植物群落中 PM_{10} 的浓度随道路绿带宽度增大而降低，而 $PM_{2.5}$ 浓度在道路边缘 0m 处最高，随着绿带在水平空间的延伸，到 6m 处浓度明显降低，却在 6m 后逐渐上升，并在 15m 处达到群落中 $PM_{2.5}$ 浓度的最大值，之后随水平距离越来越远，$PM_{2.5}$ 浓度逐渐降至最低。这表明 PM_{10} 颗粒物通过植物群落的阻截而逐渐沉降，$PM_{2.5}$ 则是悬浮聚集于密集的群落空间中不易扩散。

（6）植物群落中粉尘颗粒物浓度的日变化分析表明：不同植物群落结构中，PM_{10} 浓度的日变化趋势大体一致，从早上 9 点到下午 7 点，基本上呈现“U”形，即早晚高、白天低；而 $PM_{2.5}$ 浓度的日变化大致从早上 9 点至下午 7 点呈“M”形曲折上升，说明当植物群落的滞尘速度大于污染颗粒物的聚集速度时，就能降低其浓度，反之，则会随污染程度的加重而升高。

（7）同处一条道路上的植物群落在不同绿带中的滞尘效益高低顺序为：行道树绿带 > 中间分车绿带 > 路侧绿带。

第三节　城市道路绿带滞尘功能总结

（1）在植物个体、群落、绿带滞尘功能的实验测定结果分析的基础上，筛选出一套较为完整实用的评价指标，并根据道路绿地相关标准及规范，确定出每一个评价指标的标准及评价等级，建立道路绿带滞尘功能评价模型。该模型包括三个评价层次，即目标层 1 个（道路绿带），准则层 3 个（植物个体、群落类型、绿带模式），因子层 15 个（单位叶面积滞尘量、单株叶面积总量、植物载叶期长短、植物生长型、叶面粗糙度、叶面绒毛、叶面黏度、植物类型、群落叶面积指数、群落 PM_{10} 减尘率、群落 $PM_{2.5}$ 减尘率、植物群落结构、不同绿带植物单位叶面积滞尘量、不同绿带 PM_{10} 减尘率、不同绿带 $PM_{2.5}$ 减尘率）。在此基础上，采用层次分析法确定指标权重，运用综合指数法计算道路绿带滞尘功能综合指数并划分等级。

（2）通过 8 个因子对 25 种植物个体的滞尘能力进行综合评价，评价指数大小顺序为：细叶结缕草 > 小叶黄杨 > 红花檵木 > 麦冬 > 金叶假连翘 > 小叶榕 > 韭莲 > 广玉兰 > 重阳木 > 黄葛树 > 海桐 > 葱莲 > 夏鹃 > 春鹃 > 羊蹄甲 > 桂花 > 桢楠 > 香樟 > 细叶十大功劳 > 天竺桂 > 加杨 > 毛叶丁香 > 黄花槐 > 银杏 > 木芙蓉。

（3）通过 4 个因子对 30 个植物群落样方的滞尘效益进行综合评价，评价结果综合了植物群落对 PM_{10} 和 $PM_{2.5}$ 的减尘率以及影响群落滞尘的叶面积指数和群落结构两个因素，将植物群落的综合滞尘效益分为强、中、弱三级。

（4）在分析研究所测道路后，根据绿带植物单位叶面积滞尘量、绿带群落 PM_{10} 和 $PM_{2.5}$ 减尘率 3 个因子，得到中间分车绿带、行道树绿带、路侧绿带的综合指数分别为 0.1080、0.1397、0.0373。在道路绿地设计中应着重考虑中间分车绿带与行道树绿带植物配置的滞尘效果。

（5）对 10 条道路绿带的滞尘功能进行综合评价，其中，余松路和黄山大道的绿带滞尘功能属于Ⅰ级，人和大道、龙溪路、金开大道、盘溪路、新南路、龙山路、天生路 7 条道路绿带的滞尘功能都属于Ⅱ级，只有星光大道 1 条道路绿带的滞尘功能较差，属于Ⅲ级。

第四节　展望

城市园林绿地滞尘研究是一个涉及植物学、生态学、环境气象学、空气动力学、园林学等多学科的综合领域，影响因素庞杂，尽管已取得了一些研究成就，但目前国内总体的研究技术手段还是较为原始、落后，评判标准不一，导致研究结果出现较大的差异。

本书研究是以重庆市主干道路绿带为研究对象，选择植物及群落生长良好、功能完善的城市主干道路绿带，这样就尽量避免了外界环境或植物所处生长阶段不同而导致实验结果不准确。根据研究过程与所得结果，希望在以后的研究中在以下方面作进一步的探讨，以完善绿地滞尘功能的相关理论体系。

（1）本书在宏观上对植物个体滞尘能力进行了研究，尽管分析了植物个体的枝叶长势、叶面微观结构对滞尘能力的影响，但是对于粉尘并未能深入研究，比如叶面粉尘的分布情况、植物对不同尘源微粒的耐尘抗尘能力等，本研究并未涉及。今后的研究中可从植物的生长发育、生理活性、植物群落学等指标出发，探寻植物对粉尘污染的耐受能力以及粉尘对植物个体及群落的长期综合影响，以期获得更深入的滞尘机理。

（2）本书主要研究的是道路绿带的滞尘功能，针对性地研究了植物的滞尘作用，缺少与植物其他方面的生态功能相结合的研究，因此也只能给出植物在滞尘方面的相关建议。以后的研究方向可以更全面地从植物生理、生化、生态、经济等各个角度进行综合研究，在实践中为相关部门提供更加全面的理论依据。

（3）不同植物群落对 $PM_{2.5}$ 的减尘率有正有负，通过科学合理的植物配置可以提高植物群落的滞尘效益，但 $PM_{2.5}$ 产生和消减的机制非常复杂，植物群落的减尘速度作为衡量其滞尘效益的新指标值得进一步深入探讨。空气中的 $PM_{2.5}$ 浓度受环境、气象等众多因素影响，应从多角度开展植物群落中 $PM_{2.5}$ 浓度变化的研究，从而探寻植物群落对 $PM_{2.5}$ 的滞尘机理，并结合雾霾天气等时下的热点问题，重点针对园林绿地与 $PM_{2.5}$ 的关联性开展研究，将绿地的景观美化与治霾效益相结合，探讨植物造景新模式，将环保理念融入景观设计，充分发挥城市园林绿地的最大综合效益，在实践上指导建设经济节约型的高滞尘绿地。

（4）在对道路绿带滞尘功能评价的研究中，由于整体实验材料采集与测量的局限性，使得本研究所选取的植物个体和植物群落并不完全，建议今后评价道路绿带的滞尘功能时，在此评价模型的基础上，对所评价道路中涉及的所有植物个体和植物群落进行测定，以充分、完整地反映所评价道路绿带的滞尘功能。

CITY SCAVENGER

附录

本书涉及植物名录表

本书涉及植物名录表

植物类型	植物中文名称	拉丁学名	科属
乔木	香樟	*Cinnamomum camphora*（L.）J.Presl	樟科樟属
	桢楠	*Phoebe zhennan* S. Lee et F. N. Wei	樟科楠属
	加杨	*Populus × canadensis* Moench	杨柳科杨属
	桂花	*Osmanthus fragrans* Lour.	木犀科木犀属
	重阳木（秋枫）	*Bischofia javanica* Bl.	大戟科秋枫属
	天竺桂	*Cinnamomum japonicum* Sieb.	樟科樟属
	羊蹄甲	*Bauhinia purpurea* DC. ex Walp.	云实科羊蹄甲属
	银杏	*Ginkgo biloba* Linn.	银杏科银杏属
	木芙蓉	*Hibiscus mutabilis* Linn.	锦葵科木槿属
	黄葛树	*Ficus virens* Aiton	桑科榕属
	广玉兰	*Magnolia grandiflora* L.	木兰科木兰属
	小叶榕	*Ficus microcarpa* L.f.	桑科榕属
	红叶李	*Prunus Cerasifera* Ehrhart	蔷薇科李属
	蓝花楹	*Jacaranda mimosifolia* D. Don	紫葳科蓝花楹属
	蒲葵	*Livistona chinensis*（Jacq.）R.Br. ex Mart.	棕榈科蒲葵属
	加拿利海枣	*Phoenix canariensis* Chabaud	棕榈科刺葵属
	樱花（日本晚樱）	*Cerasus serrulata* var. lannesiana（Carr.）Makino	蔷薇科樱属
	二乔玉兰	*Yulania × soulangeana*（Soul.-Bod.）D. L. Fu	木兰科木兰属
灌木	黄花槐（双荚决明）	*Senna bicapsularis*（L.）Roxb.	豆科决明属
	紫薇	*Lagerstroemia indica* Linn.	千屈菜科紫薇属
	细叶十大功劳	*Mahonia fortunei*（Lindl.）Fedde	小檗科十大功劳属
	毛叶丁香（小蜡）	*Ligustrum sinense* Lour.	木犀科女贞属
	小叶黄杨	*Buxus sinica* var. parvifolia M. Cheng	黄杨科黄杨属
	夏鹃（皋月杜鹃）	*Rhododendron indicum*（Linn.）Sweet	杜鹃花科杜鹃属
	春鹃（锦绣杜鹃）	*Rhododendron × pulchrum* Sweet	杜鹃花科杜鹃属
	西洋杜鹃	*Rhododendron hybridum* Ker Gawl.	杜鹃花科杜鹃属
	雀舌黄杨	*Buxus bodinieri* Lévl.	黄杨科黄杨属
	金叶假连翘	*Duranta erecta* ‘Golden Leaves’	马鞭草科假连翘属

续表

植物类型	植物中文名称	拉丁学名	科属
灌木	海桐	*Pittosporum tobira*（Thunb.）Ait.	海桐花科海桐花属
	红花檵木	*Loropetalum chinense* var. rubrum Yieh	金缕梅科檵木属
	花叶艳山姜	*Alpinia zerumbet*‘Variegata’	姜科山姜属
	九重葛（叶子花）	*Bougainvillea spectabilis* Willd.	紫茉莉科叶子花属
	南天竹	*Nandina domestica* Thunb.	小檗科南天竹属
	日本珊瑚树	*Viburnum odoratissimum* var. awabuki（K. Koch）Zabel ex Rumpl.	忍冬科荚蒾属
	小叶女贞	*Ligustrum quihoui* Carr.	木犀科女贞属
	贴梗海棠	*Chaenomeles speciosa*（Sweet）Nakai	蔷薇科木瓜海棠属
	红叶石楠	*Photinia×fraseri* Dress	蔷薇科石楠属
	苏铁	*Cycas revoluta* Thunb.	苏铁科苏铁属
	金边六月雪	*Serissa japonica*‘Aureo—marginata’	茜草科白马骨属
草本	细叶结缕草	*Zoysia pacifica*（Goudswaard）M. Hotta et S. Kuroki	禾本科结缕草属
	麦冬	*Ophiopogon japonicus*（Linn. f.）Ker–Gawl.	百合科沿阶草属
	韭莲	*Zephyranthes carinata* Herb.	石蒜科葱莲属
	葱莲	*Zephyranthes candida*（Lindl.）Herb.	石蒜科葱莲属

CITY SCAVENGER

参考文献

[1] NEIL A P，KENNETH G W. Mortality and morbidity benefits of air pollution（SO_2 and PM_{10}）absorption attributable to woodland in Britain[J]. Journal of Environmental Management，2004，70：119–128.

[2] SERGIO R，XAVIER Q，ANDRES A，et al. Comparative PM_{10}–$PM_{2.5}$ source contribution study at rural，urban and industrial sites during PM episodes in Eastern Spain[J]. Science of the Total Environment，2004，328：95–113.

[3] LATHA K M，HIGHWOOD E J. Studies on particulate matter（PM_{10}）and its precursors over urban environment of Reading，UK [J]. Journal of Quantitative Spectroscopy & Radiative Transfer，2006，101（2）：367–379.

[4] MATTHIAS H，JOACHIM H，ULRIKE G，et al. Predicting long–term average concentrations of traffic–related air pollutants using GIS–based information[J]. Atmospheric Environment，2006，40（3）：542–553.

[5] KAN H D，CHEN B H. Particulate air pollution in urban areas of Shanghai，China：health–based economic assessment [J]. The Science of the Total Environment，2004，322（1/3）：71–79.

[6] BECKETT K P，FREER–SMITH P H，TAYLOR G. Effective tree species for local air quality management [J]. J Arboric，2000，26（7）：12–19.

[7] 郭二果，王成，彭镇华，等 . 城市空气悬浮颗粒物的理化性质及其健康效应 [J]. 生态环境，2008，17（2）：851–857.

[8] 陈华 . 园林绿化与建筑节能关系的理论研究 [D]. 北京：北京林业大学，2006.

[9] 吕东蓬 . 三种垂直绿化植物滞尘效应与其对光合作用影响的研究 [D]. 南京：南京林业大学，2011.

[10] SCHABEL H G.Urban forestry in Germany [J]. Arbor，1980，6（11）：281–286.

[11] POWE N A，WILLIS K G，Mortality and morbidity benefits of air pollution absorption attributed to woodland in Britain[J]. Journal of Environmental Management，2004，70：119–128.

[12] 黄慧娟 . 保定常见绿化植物滞尘效应及尘污染对其光合特征的影响 [D]. 保定：河北农业大学，2008.

[13] 梁永基，王莲清 . 道路广场园林绿地设计 [M]. 北京：中国林业出版社，2000.

[14] 胡长龙 . 园林规划设计 [M]. 北京：中国农业出版社，2002.

[15] 杨赉丽 . 城市园林绿地规划 [M]. 北京：中国林业出版社，1995.

[16] 宋永昌 . 植被生态学 [M]. 上海：华东师范大学出版社，2001.

[17] 郑少文 . 城市绿地滞尘效应研究 [D]. 晋中：山西农业大学，2005.

[18] SHARMA S C，ROY R K. Green belt–an effective means of mitigating industrial pollution[J].

Indian Journal of Environmental Protection，1997，17：724–727.

[19] PRUSTY B A K，MISHRA P C，AZEEZ P A. Dust accumulation and leaf pigment content in vegetation near the national highway at Sambalpur，Orissa，India[J]. Ecotoxicology and Environmental Safety，2005，60（2）：228–235.

[20] SEHMEL G A. Particle and gas dry deposition：A review[J]. Atmospheric Environment，1980，14：983–1011.

[21] 江胜利，金荷仙，许小连 . 园林植物滞尘功能研究概述 [J]. 林业科技开发，2011，6（25）：5–9.

[22] 王凤珍，李楠，胡开文 . 景观植物的滞尘效应研究 [J]. 现代园林，2006（6）：33–37.

[23] SOUCH C A，SOUCH C. The effect of trees on summertime below canopy urban climates：a case study Bloomington，Indiana[J]. Arbor，1993，19（5）：303–312.

[24] 朱天燕 . 南京雨花台区主要绿化树种滞尘能力与绿地花境建设 [D]. 南京：南京林业大学，2007.

[25] LATHA K M，HIGHWOOD E J. Studies on particulate matter（PM_{10}）and its precursors over urban environment of Reading，UK [J]. Journal of Quantitative Spectroscopy & Radiative Transfer，2006，101（2）：367–379.

[26] LOHR V I，PEARSON–MIMS C H. Particulate matter accumulation on horizontal surfaces in interiors influence of foliage plants [J]. Atmospheric Environment，1996，30（14）：2565–2568.

[27] FREER–SMITH P H，HOLLOWAY S，GOODMAN A. The uptake of particulates by an urban woodland：site description and particulate composition[J]. Environmental Pollution，1997，95（1）：27–35.

[28] 王会霞 . 基于润湿性的植物叶面截留降水和降尘的机制研究 [D]. 西安：西安建筑科技大学，2012.

[29] BECKETT K P，FREER–SMITH P H，TAYLOR G. Urban woodlands：their role in reducing the effects of particulate pollution[J]. Environmental Pollution，1998，99：347–360.

[30] 柴一新，祝宁，韩焕金 . 城市绿化树种的滞尘效应——以哈尔滨市为例 [J]. 应用生态学报，2002，13（9）：1121–1126.

[31] 郭伟，申屠雅瑾，郑述强，等 . 城市绿地滞尘作用机理和规律的研究进展 [J]. 生态环境学报 2010，19（6）：1465–1470.

[32] 余曼，汪正祥，雷耘，等. 武汉市主要绿化树种滞尘效应研究 [J]. 环境工程学报，2009，3（9）：1133–1139.

[33] BECKETT K P，FREER–SMITH P H，TAYLOR G. The capture of particulate pollution by trees at five contrasting urban sites[J]. Arboric J，2000（24）：209–230.

[34] SCHABEL H G. Urban forestry in Germany[J]. Arbor，1980，6（11）：281–286.

[35] 周晓炜，亢秀萍. 几种校园绿化植物滞尘能力研究 [J]. 安徽农业科学，2008，36（24）：10431–10432.

[36] 吴中能，于一苏，边艳霞 . 合肥主要绿化树种滞尘效应研究初报 [J]. 安徽农业科学，2001，29（6）：780–783.

[37] 姜红卫 . 苏州高速公路绿化减噪吸硫滞尘效果初探 [D]. 南京：南京农业大学，2005.

[38] 韩敬，陈广艳，杨银萍. 临沂市滨河大道主要绿化植物滞尘能力的研究 [J]. 湖南农业科学，2009（6）：141–142.

[39] 苏俊霞，靳绍军，闫金广，等 . 山西师范大学校园主要绿化植物滞尘能力的研究 [J]. 山西师范大学学报：自然科学版，2002，20（2）：86–88.

[40] 江胜利，金荷仙，许小连 . 杭州市常见道路绿化植物滞尘能力研究 [J]. 浙江林业科技，2011，31（6）：45–49.

[41] 吴云霄 . 重庆市主城区主要绿地生态效益研究 [D]. 重庆：西南大学，2006.

[42] 杨瑞卿，肖扬. 徐州市主要园林植物滞尘能力的初步研究 [J]. 安徽农业科学，2008，36（20）：8576–8578.

[43] 王蓉丽，方英姿，马玲. 金华市主要城市园林植物综合滞尘能力的研究 [J]. 浙江农业科学，2009（3）：574–576.

[44] 康博文，刘建军，王得祥，等 . 陕西 20 种主要绿化树种滞尘能力的研究 [J]. 陕西林业科技，2003（4）：54–56.

[45] 陈芳，周志翔，郭尔祥，等 . 城市工业区园林绿地滞尘效应的研究——以武汉钢铁公司厂区绿地为例 [J]. 生态学杂志，2006，25（1）：34–38.

[46] 宋丽华，赖生渭，石常凯 . 银川市几种针叶绿化树种的春季滞尘能力比较 [J]. 中国城市林业，2008，6（3）：57–59.

[47] 杜克勤，刘胜兰，张杰 . 绿化树木带滞尘能力的测定与探讨 [J]. 环境污染与防治，1998，20（3）：47–48.

[48] 王洪斌 . 城市绿化树种滞尘能力初探 [J]. 林业科技情报，2002，34（3）：86–89.

[49] 李海梅，刘霞. 青岛市城阳区主要园林树种叶片表皮形态与滞尘量的关系 [J]. 生态学杂志，2008，27（10）：1659–1662.

[50] 王月菡 . 基于生态功能的城市森林绿地规划控制性指标研究 [D]. 南京：南京林业大学，2004.

[51] 张家洋，鲜靖苹，邹曼，等 .9 种常见绿化树木滞尘量差异性比较 [J]. 河南农业科学，2012，41（11）：121–125.

[52] 俞学如. 南京市主要绿化树种叶面滞尘特征及其与叶面结构的关系 [D]. 南京：南京林业大学，2008.

[53] BAKER W L. A review of models of landscape change[J]. Landscape Ecology，1989（2）：

111–133.

[54] 刘学全，唐万鹏，周志翔，等 . 宜昌市城区不同绿地类型环境效应 [J]. 东北林业大学学报，2004，32（5）：53–54，83.

[55] 郑少文，邢国明，李军，等. 不同绿地类型的滞尘效应比较 [J]. 山西农业科学，2008，36（5）：70–72.

[56] 张新献，古润泽，陈自新，等. 北京城市居住区绿地的滞尘效益 [J]. 北京林业大学学报，1997，19（4）：12–17.

[57] 江胜利 . 杭州地区常见园林绿化植物滞尘能力研究 [D]. 杭州：浙江农林大学，2012.

[58] LITTER P. Deposition of 2.75，5.0 and 8.5 μm particles to plant soil surfaces[J]. Environment Pollution，1977，12：293–305.

[59] WEDDING J B，CARLSON R W，STUKEL J J，et al. Aerosol deposition on plant leaves[J]. Environment Science Technology，1975，9：151–153.

[60] LOVETT G M，LINDBERG S E. Concentration and deposition of particles a vertical profile through a forest canopy[J]. Atmos Environ，1992，26：1469–1476.

[61] 王建辉 . 永川城区主要绿地的植物群落组成及滞尘、吸硫能力研究 [D]. 重庆：西南大学，2012.

[62] 刘坚 . 扬州古运河风光带生态绿地建设及环境效应研究 [D]. 扬州：扬州大学，2006.

[63] NOWAK D J. Air Pollution Removal by Chicago’s Urban Forest USDA Forest Service Gen[J]. Tech. Rep. Ne 1994，186：62–83.

[64] WOODRUFF T J，GRILLO J，SCHOENDORF K C. The relationship between selected cause of post neonatal infant mortality and particulate air pollution in the United States[J].Environmental Health Perspectives，1997，105（6）：608–612.

[65] POPE C A，VERRIER R L，LOVETT E G. et al.Heart rate variability associated with particulate air pollution[J]. American Heart Journal，1999，138（5）：890–899.

[66] 高金辉，王冬梅，赵亮，等 . 植物叶片滞尘规律研究——以北京市为例 [J]. 北京林业大学学报，2007，29（2）：94–99.

[67] PRAJAPATI S K，TRIPATHI B D. Seasonal variation of leaf dust accumulation and pigment content in plant species exposed to urban particulates pollution[J]. Journal of Environmental Quality，2008，37（3）：865–700.

[68] 李龙凤，王新明，赵利容，等. 广州市街道环境 PM_{10} 和 $PM_{2.5}$ 质量浓度的变化特征 [J]. 地球与环境，2005，33（2）：57–60.

[69] 邱媛，管东生，宋巍巍 . 惠州城市植被的滞尘效应 [J]. 生态学报，2008，28（6）：2455–2462.

[70] 马晓龙，贾媛媛，赵荣 . 城市绿地系统效益评价模型的构架与应用 [J]. 城市环境与城市生

态，2003，16（5）：28-30.

[71] 程政红，吴际友，刘云国，等 . 岳阳市主要绿化树种滞尘效应研究 [J]. 中国城市林业，2004，2（2）：37-40.

[72] STERNBERG T，VILES H，CATHERSIDES A，et al. Dust particulate absorption by ivy（Hedera helix L.）on historic walls in urban environments[J]. Science of the Total Environment，2010，409（1）：162-168.

[73] 陈玮，何兴元，张粤，等 . 东北地区城市针叶树冬季滞尘效应研究 [J]. 应用生态学报，2003，14（12）：2113-2116.

[74] 苟亚清，张清东 . 道路景观植物滞尘量研究 [J]. 中国城市林业，2008，6（1）：59-61.

[75] 高金晖 . 北京市主要植物种滞尘影响机制及其效果研究 [D]. 北京：北京林业大学，2007.

[76] TOMASEVIC M，VUKMIROVIC Z，RAJSIC S，et al. Characterization of trace metal particles deposited on some deciduous tree leaves in an urban area[J]. Chemosphere，2005，61（6）：753-760.

[77] KRETININ V M，SELYANINA Z M. Dust retention by tree and shrub leaves and its accumulation in light chestnut soils under forest shelterbelts[J]. Eurasian Soil Science，2006，39（3）：334-338.

[78] 吴志萍 . 城市不同类型绿地空气颗粒物浓度变化规律的研究 [D]. 北京：中国林业科学研究院，2007.

[79] WU R W. On the subject of urban green space system planning[J]. City Planning Review，2000，24（4）：31-33.

[80] 韩丽媛 . 资源型城市主要绿化树种叶片滞尘能力和规律研究 [D]. 阜新：辽宁工程技术大学，2008.

[81] 粟志峰，刘艳，彭倩芳 . 不同绿地类型在城市中的滞尘作用研究 [J]. 干旱环境监测，2002，16（3）：162-163.

[82] 罗英，何小弟，刘盼盼，等 . 生态景观型城市绿地的滞尘效应分析 . 林业实用技术，2009（5）：58-61.

[83] 齐飞艳 . 道路大气颗粒物的分布特征及绿化带的滞留作用 [D]. 郑州：河南农业大学，2009.

[84] 俞莉莉，等 . 扬州城市道路部分绿化树种滞尘效应研究 [J]. 北方园艺，2012（15）：114-117.

[85] 刘青，刘苑秋，赖发英，等 . 基于滞尘作用的城市道路绿化研究 [J]. 江西农业大学学报，2009，31（6）：1063-1068.

[86] 雷耘，汪正祥，等 . 武汉市中心城区主干道旁植物滞尘能力研究 [J]. Scientific Research，2010，16（7）：70-73.

[87] 王赞红，李纪标 . 城市街道常绿灌木植物叶片滞尘能力及滞尘颗粒物形态 [J]. 生态环境，

2006，15（2）：327–330.

[88] 史晓丽 . 北京市行道树固氮释氧滞尘效益初步研究 [D]. 北京：北京林业大学，2010.

[89] 张放 . 长春市街道绿化现有灌木调查及 3 种主要灌木滞尘能力研究 [D]. 长春：吉林农业大学，2013.

[90] 杨学军 . 立体绿化植物评价方法研究及综合评价模型建立——以地锦属植物为例 [D]. 中国林业科学研究院，2007.

[91] 李峰，王如松 . 城市绿地系统的生态服务功能评价、规划与预测研究——以扬州市为例 [J]. 生态学报，2003，23（9）：1929 –1936.

[92] 袁黎，陆键，朱雷雷，等 . 高速公路绿化评价指标体系及评价方法研究 [J]. 公路交通科技，2007，3（3）：150–153.

[93] 杨英书，彭尽晖，粟德琼，等 . 城市道路绿地规划评价指标体系研究进展 [J]. 西北林学报，2007，22（5）：193–197.

[94] 赵勇，李树人，阎志平 . 城市绿地的滞尘效应及评价方法 [J]. 华中农业大学学报，2002，12（6）：582–586.

[95] KOCH K，BHUSHAN B，BARTHLOTT W. Multifunctional surface structures of plants：An inspiration for biomimetics[J]. Progress in Materials Science，2009，54（2）：137–138.

[96] SHEN Q，DING H G，ZHONG L. Characterization of the surface properties of persimmon leaves by FT–Raman spectroscopy and wicking technique[J].Colloids and Surfaces B–Biointerfaces，2004，37：133–136.

[97] MCPHERSON E G，SCOTT K I，SIMPSON J R. Estimating cost effectiveness of residential yard trees for improving air quality in Sacramento，California using existing models[J]. Atmospheric Environment，1998，32（1）：75–84.

[98] FREER–SMITH P H，BECKETT K P，TAYLOR G. Deposition velocities to Sorbus aria，Acer campestre，Populus deltoids X trichocarpa ‘Beaupre’，Pinus nigra and X Cupressocyparis leylandii for coarse，fine and ultra–fine particles in the urban environment[J]. Environmental Pollution，2005，133（1）：157–167.

[99] FARMER A M. The effects of dust on vegetation——a review[J]. Environmental Pollution，1993，79（1）：63–75.

[100] 张灵艺，秦华 . 城市园林绿地滞尘研究进展及发展方向 [J]. 中国园林，2015（1）：64–68.

[101] NOWAK D J，CRANE D E，STEVENS J C，et al. A ground–based method of assessing urban forest structure and ecosystem services[J]. Arboriculture & Urban Forestry，2008，34（6）：347–358.

[102] LANGNER M.Distribution of gigantic particles and PM_{10} in a single tree crown and on an urban brownfield [C]//CLIMAQS Workshop ‘Local Air Quality and its Interactions with Vegetation’.

Antwerp，Belgium，2010.

[103] SEVIMOGLU O，ROGGE W F，BERNARDO-BRICKER A，et al. Fine particulate abrasion products from leaf surfaces of urban plants：comparison between Los Angeles and Pittsburgh [C]// Second International Specialty Conference Sponsored by the American Association for Aerosol Research：Particulate Matter Supersites Program. Atlanta，2005.

[104] 张放，金研铭，徐惠风 . 长春市街道绿化常用灌木滞尘效应研究 [J]. 安徽农业科学，2012，40（32）：15861–15863.

[105] 刘贯山 . 烟草叶面积不同测定方法的比较研究 [J]. 安徽农业科学，1996，24（2）：139–141.

[106] 田青，曹致中，张睿 . 基于数码相机和 Auto CAD 软件测定园林植物叶面积的简便方法 [J]. 草原与草坪，2008（3）：25–28.

[107] 史燕山，骆建霞 . 柿树叶面积测定方法的研究 [J]. 果树科学，1996，13（4）：253–254.

[108] 高祥斌，张秀省，蔡连捷，等 . 观赏植物叶面积测定及相关分析 [J]. 福建林业科技，2009，36（2）：231–234.

[109] 姜红卫，朱旭东，孙志海. 苏州高速公路绿化滞尘效果初探 [J]. 福建林业科技，2006，33（4）：95–99.

[110] FRAZER G W，FOURNIER R A，TROFYMOW J A，et al. A comparison of digital and film fisheye photography for analysis of forest canopy structure and gap light transmission[J]. Agricultural and Forest Meteorology，2001，109：249–263.

[111] 董希文，崔强，等 . 园林绿化树种枝叶滞尘效果分类研究 [J]. 防护林科技，2005，64（1）：28–29.

[112] 王蕾，王志，刘连友，等 . 城市园林植物生态功能及其评价与优化研究进展 [J]. 环境污染与防治，2006，28（1）：51–54.

[113] 罗曼 . 不同群落结构绿地对大气污染物的消减作用研究 [D]. 武汉：华中农业大学，2013.

[114] 郭含文，丁国栋，赵媛媛，等 . 城市不同绿地 $PM_{2.5}$ 质量浓度日变化规律 [J]. 中国水土保持科学 .2013，11（4）：99–103.

[115] 曾晓阳 . 成都市区典型园林植物群落冠层结构的量化研究 [J]. 中国农学通报，2012，28（28）：309–316.

[116] 李宗南，陈仲新，王利民，等 . 2 种植物冠层分析仪测量夏玉米 LAI 结果比较分析 [J]. 中国农学通报，2010，26（7）：84–88.

[117] 刘宇，王式功，尚可政，等 . 兰州市低空风时空变化特征及其与空气污染的关系 [J]. 高原气象，2002，21（3）：322–326.

[118] 鲁兴，吴贤涛 . 北京市采暖期大气中 PM_{10} 和 $PM_{2.5}$ 质量浓度变化分析 [J]. 焦作工学院学报（自然科学版），2004，23（6）：487–490.

[119] 周丽，徐祥德，丁国安，等 . 北京地区气溶胶 $PM_{2.5}$ 粒子浓度的相关因子及其估算模型 [J]. 气象学报，2003，61（6）：761–768.

[120] 吴志萍，王成，侯晓静，等 .6 种城市绿地空气 $PM_{2.5}$ 浓度变化规律的研究 [J]. 安徽农业大学学报，2008，35（4）：494–498.

[121] 章俊华. 规划设计学中的调查分析法 12：AHP 法 [J]. 中国园林，2003，19（4）：37–40.

[122] 李昆仑. 层次分析法在城市道路景观评价中的运用 [J]. 武汉大学学报（工学版），2005（1）：143–147，152.

[123] 吴婷 . 生态城市绿化效益评价体系研究 [D]. 北京：北京林业大学，2012.